積分　普及版

の入り口まで

大村　平　著

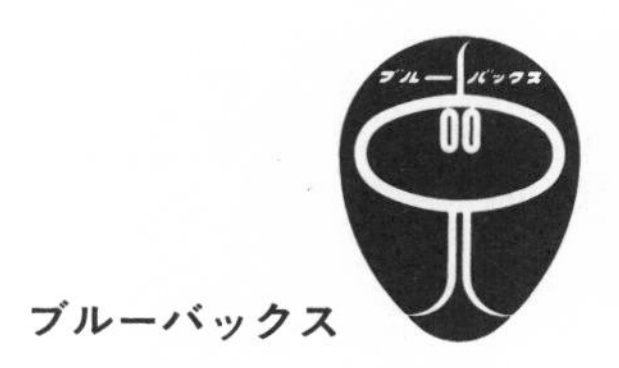

ブルーバックス

本書は2004年4月，小社より刊行した
『今日から使える微積分』を
新書化したものです。

装幀／芦澤泰偉・児崎雅淑
カバーイラスト／中村純司
本文デザイン／齋藤ひさの
本文図版／さくら工芸社

まえがき

微分・積分は，どなたにとっても取り付きの悪い数学分野です。日常的に慣れ親しんでいる加減乗除だけでは答えが出ないし，その裏には「極限」などという神秘的な概念がちらついたりするからです。

そのせいもあって，せっかく高校で微積分を学んでも，ほんとうの意味を理解しないまま，運算の手順を追うことばかりに終始することが少なくないように見受けられます。その結果，微積分については一過性の知識の習得に終わってしまい，いざ，現実の問題の解決に使おうとか，それを土台にして，さらに高度な学習に進もうとかの事態に直面すると，**いままでの微積分が役に立たず，目を白黒させて立ち往生**することが少なくありません。

そのような方の，態勢を立て直していただくために，この本を書きました。したがって，この本は試験対策用のドリルではありません。微積分のスタートラインに立ち戻って，微積分の考え方をしこしこと積み上げていこうと思います。まだるっこしいかもしれませんが，きっとそれが，いずれは**大輪の花を咲かせるためのコヤシ**になるはずだと期待しています。

なお，なるべく肩の力を抜こうとの配慮から，言葉遣いや言い回しに，やや品位に欠けるところがあるかもしれませんが，お許しください。

最後になりましたが，このような本の出版の機会を与えていただいた講談社のご厚情に感謝するとともに，企画や編集の実務を担当し，いろいろなアイディアを出してくださった慶山篤さんに心からお礼を申し上げます。

大村　平

『今日から使える微積分 普及版』◆ もくじ

第 1 章

ビセキの素顔を眺めてみよう

微積分ことはじめ

大阪城。絶好調だった秀吉が 1583 年に着工。ちなみに科学の世界では，同じ年にガリレオが「振り子の等時性」を発見していました。

1.1
こんにちは，微積分です

天下人（てんかびと）の見果てぬ夢

つゆとおち　つぬときえにし　わがみかな
なにわのことも　ゆめのまたゆめ

豊臣秀吉

これは，豊臣秀吉（1536–98）の辞世の歌です。

戦国時代に足軽の子として生まれながら，異才と努力によってはい上がり，乱世を戦い抜いて，ついには全国統一の大業を成就（じょうじゅ）したほどの人物であっても，死を目の前にすると，すべての業績が「ゆめのまたゆめ」になってしまうものなのでしょうか。

墨俣（すのまた）の築城に並外れた才能を発揮したり，明智光秀を討って主君・信長の仇を取るとともに，信長の後継者としての足場を固めたり，ついに全国を統一し，大坂（なにわ）に城を築いて天皇を招き，その前で諸大名に服従と忠誠を誓わせたり……秀吉にしても，そうした素晴らしい昇り調子の間には，天にも昇るほどの歓喜を噛みしめていたにちがいありません。

それにもかかわらず，終わってみれば，なんの感動も抱（いだ）くことなく「ゆめのまたゆめ」ときたものです。

こうしてみると，人生の喜びは，どれほどの大業を達成したかではなく，その大業に一歩一歩近づいていく過程に依（よ）るように思われてなりません。言葉を変えていうと，

「人生の喜びは目的関数の大きさによるのではなく，その微分係数，つまり，瞬間瞬間の達成率に依存している」

のではないか，とも思うのです。

突然，なんの断りもなしに「微分係数」などという数学用語を使ってしまい，ごめんなさい。**微分**というのは，変化の激しさを調べることです。そして，特定の場所における変化の激しさを表す値を，**微分係数**（びぶんけいすう）というのです（略して**微係数**（びけいすう）ともいいます）。

ついでにご紹介すると，変化している値を積算する行為，および，その結果を**積分**（せきぶん）と呼んでいます。

微分も積分も，数学のテクニックを表す用語なのですが，ときには，上の秀吉の人生を表すように比喩（ひゆ）として活用してみるのも，なかなか文学的にしゃれたものです。

もともと数学のテクニックを表す用語が，数学上の意味を離れて，こうして一般に転用されるのは珍しいことではありません。たとえば，足し算や掛け算はほんらい数学のテクニックを表す用語ですが，「**テニスやバドミントンのダブルスでは，２人の力の足し算ではなく，掛け算で勝敗が決まる**」などといわれたり，「相乗効果」とか「プラスアルファ」などという表現が便利に使われたりするようにです。

「足し算ではなく，掛け算で決まる」というのは，ダブルスの一方の選手が優秀でも，もう一方が無能（能力ゼロ）であれば，全体がまったくダメになってしまうということを形容しています。ゼ

ロに何かを足しても一般にゼロにはなりませんが，ゼロに何を掛けても，必ずゼロになりますね。

このような感覚についていけないようでは，とても教養人とはいえないでしょう。そういうわけですから，微分や積分を知ることは，観念的な思考，抽象的な議論もできる真の教養人であるためにも，必須の条件なのではないかと思われます。

とはいえ，目下のところ，文学的表現とか哲学的議論というのは，微分や積分という数学のテクニックがほんとうに役立ってくれる檜舞台(ひのきぶたい)とは，なかなか申し上げられないような気がします。微分や積分が大いに活躍する場は，やはり，実際の自然や社会の姿を，数理的に正しく見抜こうとする実用上の場面に他ならないのです。

本書では，今日からすぐに使えて，みなさんのお役に立つ，微分氏と積分氏の晴れ姿をごらんに入れようではありませんか。

1.2 ことのすべては微分から

豊かな水資源を支える微分

さっそくですが，微分がどのように役立つかを見ていただきましょう。

まずは，図 1-1 をごらんください。ややこしいグラフが上

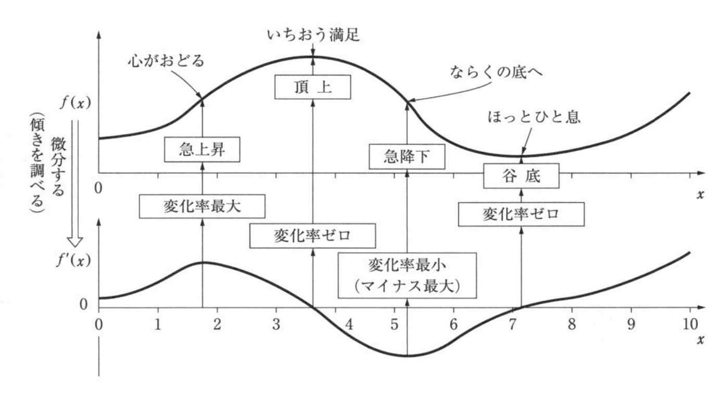

図 1-1　微分すると何が見えるか

下に並べてあります。上側のグラフは，x につれて変化する $f(x)$ の値を描いたもので，山あり谷ありの変な形をしています。

一般に，x の値につれて変化する y の値があるとき，y は x の関数であるといい，

$$y = f(x) \tag{1.1}$$

と書き表すのが数学の作法です。

2 つの変数 x と y の間に，ある対応関係があって，x の値を決めるとそれに対応して y の値が 1 つ決まるとき，y は x の関数であるといいます。

図 1-1 の上半分の縦軸目盛りは y となっていても，$f(x)$ となっていても同じことです。ただし，y と書いてあるときには，式 (1.1) のように，y が x の関数であることを，暗黙の

うちに了承し合っているものと思ってください。

では，図 1-1 の上半分の曲線を観察してみてください。x が 0 からスタートするにつれて $f(x)$ の値が上昇を始め，かなりの急上昇の後に頂上に達し……というように，$f(x)$ の変動の大筋が読みとれます。

ただし，このような観察では，おもしろくもおかしくもないので，x は経過月数，$f(x)$ はダムの貯水量のような具体例を脳裏に描きながら，話に付き合っていただきたいと存じます。

なお，話のおもしろさの観点からいえば，$f(x)$ を，経過年数 x につれて変化している貯金の額などとみなす手もありますが，それは，ちょっと困ります。貯金額などは，まとまった金額で出し入れするので，残高の金額が階段状に増減してしまいます。そのようにぎくしゃくする変化は，微分にとっての泣き所で，手も足も出ないのです。

図 1-1 の上半分の曲線，つまり，連続的にスムーズに変化するダムの貯水量の変化を観察しているところでした。月数の経過につれて貯水量は急上昇をしています。どのあたりがもっとも上昇率が大きいでしょうか。いい換えれば，貯水量の微係数が最大になるのは，どのあたりでしょうか。そのときの上昇率は，どのくらいの値でしょうか。

しばらくして貯水量が最大に達しますが，その時期はいつだったでしょうか。それは山の頂(いただき)の位置を x 軸の目盛りで読めばわかる，などと気楽にいわないでください。山の頂が槍ヶ岳のように尖(とが)っていれば，その位置を特定するのは容易ですが，もっこりしただんご山の場合には，どのあたりが山頂かと迷ってしまいます。こういうときには，山頂では傾きがゼロであること，つまり，$f(x)$ の微係数がゼロになるような x のところで，$f(x)$ が最大になっていると特定しようではありませんか。

このように，$f(x)$ を x で微分して，つまり，$f(x)$ の各位置での変化率を調べて 1 本の曲線に描いてみれば，この曲線から $f(x)$ についての正確な情報がいろいろと読みとれそうです。そこで，図 1-1 の上の曲線の各所における変化率を調べ，それらの値を連(つら)ねた曲線を下半分に並べて描いてあります。

上の曲線の各所における変化率を調べるには，曲線の各所において曲線に接線を引き，その傾きの大きさを読みとりながら，それらの値を連ねていけばでき上がるのですが，実際には，そのように手間がかかり，しかも，正確さに欠けそうな方法は，ふつうは使いません。

関数 $f(x)$ を数学的に x で微分してできる関数 $f'(x)$ のグラフを描くと，下の曲線になるのです。このように，もとの関数 $f(x)$ を x で微分して作られた（導かれた）関数 $f'(x)$ のことを，**導関数**(どうかんすう)といいます。つまり，導関数を求める行為が微分なのです。

導関数を表す記号としては，$f'(x)$ のほかに

$$\frac{\mathrm{d}}{\mathrm{d}x}f(x), \quad \frac{\mathrm{d}f(x)}{\mathrm{d}x}, \quad y', \quad \frac{\mathrm{d}y}{\mathrm{d}x}$$

なども使われます。そして，これらは同時に，導関数を求める演算の記号，すなわち，「微分する」という行為を表す記号でもあります。この本では，主に，$f'(x)$ と $\mathrm{d}y/\mathrm{d}x$ を使うつ

もりです。

dy/dx は「ディーワイ・ディーエックス」と読むのがふつうです。$f'(x)$ は，「エフ・プライム・エックス」または「エフ・ダッシュ・エックス」と読んでください（どちらかといえば，「エフ・プライム・エックス」のほうが正式名称とされている感があります）。

これらの記号は，それぞれがひとかたまりの記号です。dy/dx の分子と分母を d で割って約分する，というようなことをしてはいけません。d というのは「ごく小さい」という意味を表す添え字（英語の difference の頭文字）であって，決して d という数があるわけではないからです。

導関数がもたらす情報とは

こうして作られた導関数（図 1-1 の下側の曲線）は，もとの関数（図 1-1 の上側の曲線）についてのいろいろな正確な情報を提供してくれます。ごめんどうでも，もういちど 13 ページの図 1-1 を見ていただけますか。

\ちょこっと/ 練習 1-1

図 1-1 を参考にして，貯水量 $f(x)$ が最大になったのは，x がいくらのときだったでしょうか。$f(x)$ が最小になる位置についても同様に答えてみてください。答えは 45 ページにあります。

［ヒントはこちら→］ グラフをご覧になって，$f'(x)$の値がゼロになる場所での，x の目盛りを読みとってみてください。目分量（めのこ）でけっこうです。

このように，$f(x)$ が最大や最小になるような位置 x を正確に特定したければ，「$f(x)$ を微分した関数 $f'(x)$ がゼロになるような x の値」を求めるのが常套(じょうとう)手段なのです。

さらに，$f(x)$ の変化がもっとも激しい位置，つまり，$f(x)$ がもっとも激しく急上昇，あるいは急降下している位置を特定することを考えてみてください。$f(x)$ が急上昇するということは，$f(x)$ の変化率 $f'(x)$ がもっとも大きいということですから，図の中にも書き入れてあるように，$f'(x)$ が最大になる位置を探せばいいはずです。

そのためには，$f'(x)$ をもういちど x で微分した $f''(x)$ の曲線をこの図の下に並べて，**その値がゼロになるような x の位置を求めればいい**ことも類推できるではありませんか。

話がくどくなってきましたから，このあたりでやめますが，初めて出くわした $f(x)$ の性質を詳しく調べるには，微分という技法が必要であり，また，有用なのです。とくに，$f(x)$ の最大，最小（極大，極小との関連は 73 ページで），急変などを知る切り札は微分であるといっても過言ではありません。

そして，$f(x)$ という抽象的な表現は，ここでは一例としてダムの貯水量を脳裏に描いてきましたが，実際には，理学や工学，社会科学において，現実的に意義と価値をもった事象に適用されるのが常なのです。そういうわけですから，現実の社会現象や自然の仕組みを解析したり理解するための道具として，微分という数学的な操作が重要な手段のひとつであることに，同意していただけるのではないでしょうか。

少し脱線が過ぎるかもしれませんが，図 1-1 の上半分を人生における栄枯盛衰(えいこせいすい)，下半分をそれに伴う哀歓の強さと思って眺めてみるのも，また一興です。秀吉のグラフは，どのような曲線だったのでしょう……。

1.3 積分とはこういうことです

ミミズ一匹値(あたい)千金

つづいて，積分に進みましょう。図 1-2 に，またもや，2 つのグラフを上と下に並べてあります。

マンションなどの集合住宅では，屋上に水槽があって，そこから各家庭に水を供給しているのがふつうですが，上の曲線は時間 x につれて変化する水槽からの水の供給量のつもり

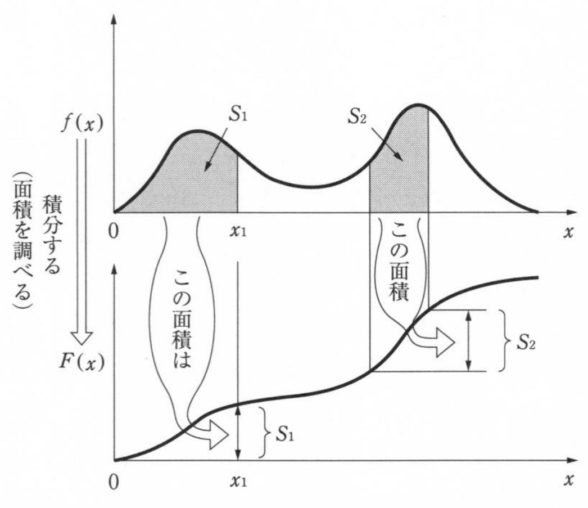

図 1-2　積分は面積を求めること

です。

夜明けが訪れると，どの家庭でも洗面や朝食が始まるので，水の供給量は 1 回めの山を迎えます。それが過ぎると，しばらくの間は水の消費が低くなりますが，夕方になると，食事や入浴などのために水の供給量が最大の山を描くでしょう。そして，夜がふけるとともに，水の供給も終わります。

このような場合，1 日の各時刻における，それまでの水の供給量の合計は，どのような曲線を描くでしょうか。きっと，図の下半分のような曲線になるでしょう。たとえば，ある日の朝の供給がスタートしてから x_1 という時刻までの間についていうなら，水の供給量の合計は，上のグラフでは S_1 という面積で表され，それは，下のグラフでは S_1 という高さとして表現されるはずです。

なぜかというと……。

つぎのページの図 1-3 を見てください。上半分は，水の供給量を 1 時間ごとに量って棒グラフに描いたものですし，下半分は，その量を積算したものです。そうすると，3 時間の後には，上半分の 3 本の棒グラフを加え合わせた高さが，下半分における 3 本めの棒グラフの高さになるに決まっています。つまり，上のグラフで薄ずみをつけた部分の面積が，下のグラフでは高さとして表示されているわけです。

ここで，図 1-2 に戻っていただきます。上のグラフは，時々刻々，変化している供給量を 1 本の曲線で示していますが，S_1 という薄ずみの領域の中には，きわめて細い棒グラフがぎっしりと並んでいるものと考えて，それらを合計した値を，下のグラフの S_1 という高さで表示したいわけです。

その高さは，図 1-3 の例から類推できるように，上のグラ

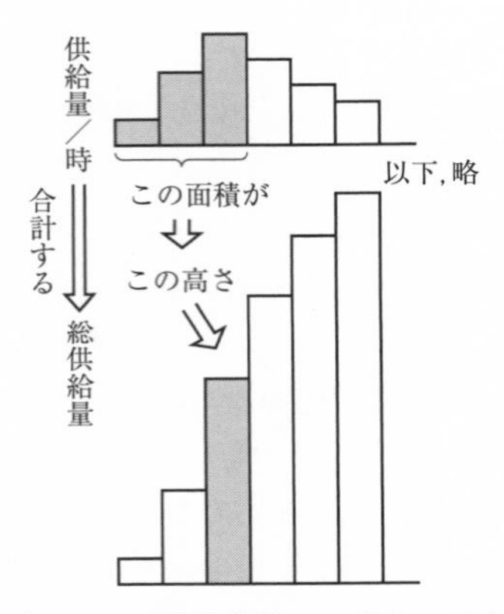

図 1-3　面積を積算して高さで示す

フの面積 S_1 に当たるのはもちろんですが，この面積は連続的に変化するきわめて細い棒グラフの面積を総計したものですから，ふつうの足し算では手に負えません。

そこで，積分の出番です。積分は，連続的に変化している値を片っ端から足し算して，その結果がどうなるかを調べるテクニックなのです。そういうわけですから，ある曲線に囲まれた図形の面積とか，野球のバットのように太さが連続的に変化する物体の体積を求める問題などが，積分の試験問題に多用されるのです。

試験ばかりか，広く自然や社会を見回してみると，積分なしでは解明できない問題がいっぱいです。だから，微分と並んで積分も，現代人にとって欠くことのできない教養のひとつなのです。

なお，図 1-2 の左端に書いてあるように，$f(x)$ を積分し

た関数を，大文字を使って $F(x)$ と書く習慣があり，このことを

$$\int f(x)\,\mathrm{d}x = F(x) \tag{1.2}$$

というふうに表します*。

$\int$ という記号は，日本の学生にはミミズと呼ばれて嫌われていますが，インテグラルと読むのがほんとうです。また，$\int$ の由来は，sum（合計の意）の s を引き伸ばしたものといわれています。

したがって，式 (1.2) の左辺は，$\mathrm{d}x$（ごく小さい x）ごとの $f(x)$ の値を総計したものを意味しているわけで，それが積分なのです。

1.4 微分と積分の深い仲

微分と積分の同居生活

この本の標題は『今日から使える微積分』です。また，市販されている本を見ても，微分だけとか積分だけを取り扱っている本は，ほとんど見当たりません。微分氏と積分氏は，ひっくるめて微積分（びせきぶん）とか微積（びせき）と呼ばれ，たいてい仲良く同居

---

* 式 (1.2) の関係があるとき，$F(x)$ を $f(x)$ の**原始関数**（げんしかんすう）といいます。そして，$f(x)$ から $F(x)$ を求める行為を**積分**（せきぶん）というとともに，$F(x)$ そのものを単に積分ということもあります。

しているのがふつうです。

ところが，すでにご紹介したように，微分は「どう変化しているかを調べるテクニック」であり，積分は「変化を積み重ねたあげくにどうなるかを調べるテクニック」ですから，両者の間に深い関係がありそうで，なさそうで，はたして両者をいっしょくたにして微積分と呼ぶほどの深い仲なのかどうか，ちょっと疑問を感じます。

しかし，いっしょくたでいいのです。微分と積分は，実は，往復キップみたいな仲だからです。その実情を見ていただきましょう。

1番めの例として，図 1-4 をごらんください。上半分は，一定の速度で走る車の位置 y が，スタートしてからの時間の経過 x に比例して移動してゆき，10 sec 後には 200 m だけ位置が変わったことを表しています。

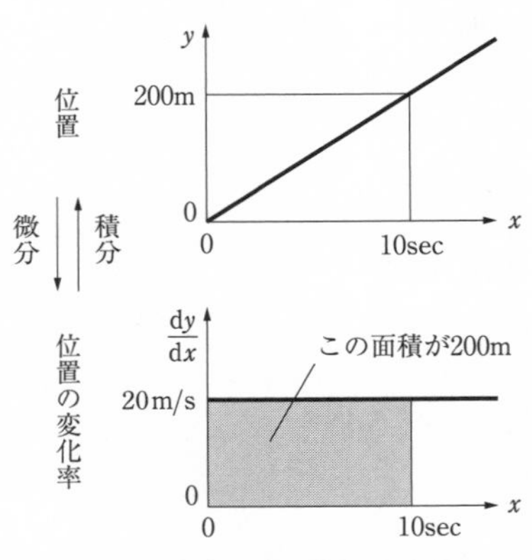

図 1-4　微分と積分は行きと帰り

「10 sec」は「10 秒」という意味です。sec という単位は，秒を英語で書いた second（セコンド）を頭文字 3 字に略記したものです。三角関数の sec（セカント，35 ページの表 1-2 参照）とは縁もゆかりもありません。

この y を x で微分すると，時間に対する位置の変化率 $\mathrm{d}y/\mathrm{d}x$ となり，これは速度のことを意味します。この場合，位置の移動量が時間に正比例していますから，変化率すなわち速度は一定の値となり，それをグラフに描くと図 1-4 の下半分のように，水平方向に走る直線となります。これが，上半分から下半分に移る「微分」の筋書きです。

つぎに，下半分のように一定の速度を維持しながら時間 x が経過すると，車が移動する距離は x に比例して増大していきます。そして，その移動距離は

$$\text{移動距離} = \text{速度} \times \text{経過時間} \tag{1.3}$$

ですから，図の中で薄ずみをつけた長方形の面積となって表示されます。この面積は，時間の経過が短いうちは，すなわち，x が小さいうちは，図の左端にわずかな面積を占めるにすぎませんが，x の増大につれて右に向かって面積を広げていきます。

このように時間の経過につれてその面積，つまり移動距離が増大していく様子をグラフに描けば，上半分に見る右上がりの直線となります。これが，下半分から上半分に移る「積分」の筋書きです。こういう次第なので

微分は……変化の傾きを求めて
変化率を知る

積分は……変化率の面積を求めて
変化を知る

という関係があります。だから，微分と積分の関係は，行きと帰りの往復キップにたとえられたりもするのです。

ところで，面積を求めるだけなら式 (1.3) のように掛け算だけですみそうですから，積分などというややこしい計算は不要ではないかと思われるかもしれませんが，そうは問屋がおろしません。その実例として図 1-5 をごらんください。

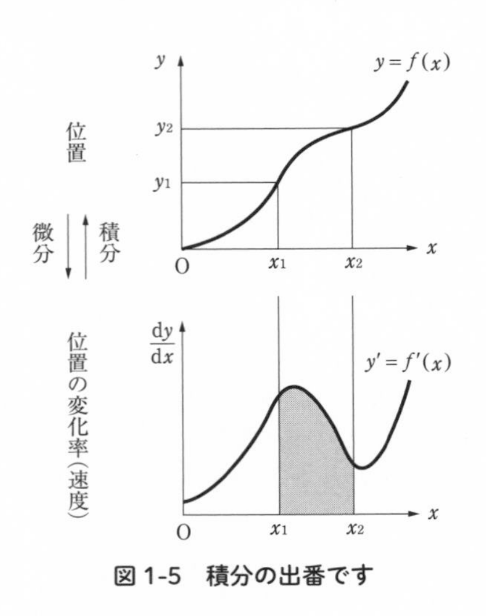

図 1-5　積分の出番です

こんどは，道路が曲がりくねっていたり坂や信号機があったりするためか，車の速度が一定ではなく，下半分の曲線のように変化しています。x_1 と x_2 の間に生じた位置の変化 $y_2 - y_1$ は，図で薄ずみをつけた部分の面積で示されているわけですが，こうなってくると，足し算や掛け算だけでは面積が計算できず，どうしても積分が必要になってしまうのです。あしからず……。

1.5 どっちがどっち？ 不定積分と定積分

2つの積分をめぐる禅(ぜん)問答

微分は，ある関数，たとえば $f(x)$ を図示した曲線上のすべての位置における傾きを調べる作業のことでしたから，その値は，やはり x の関数になり，$f'(x)$ と書いて表されるのでした。

これに対して，積分のほうは，少々事情が異なります。27ページの図1-6をごらんください。図1-5とほとんど同じ図をもういちど描いてありますが，こんどは，下半分が元(もと)になる関数 $f(x)$ であり，上半分がそれを積分した関数であることを強調してあります。

さて，積分は，たとえば下半分に薄ずみをつけた部分の面積を求める作業でした。ところが，この面積は薄ずみの部分の左端（x が x_1 の位置）と右端（x が x_2 の位置）の両方を指定しなければ，決まりません。そこで，この面積を表す積分を，次のように書き表します。

$$\int_{x_1}^{x_2} f(x)\,\mathrm{d}x \tag{1.4}$$

このように，積分する範囲を決めた積分を**定積分**(ていせきぶん)と呼びます。積分した結果の値がきちんと定まるからです。そして，式 (1.4) の計算を実行することを，「$f(x)$ を x_1 から x_2 まで積分する」といいます。

また，このように使われる x_1 を積分の**下端**（かたん），x_2 を積分の**上端**（じょうたん）ということも付記しておきましょう。

これに対して，単に

$$\int f(x)\,\mathrm{d}x = F(x) \qquad (1.2) \text{ と同じ}$$

と書かれる積分は，積分してできる関数の形が決まるだけで，具体的な数値は定まりませんから，**不定積分**（ふていせきぶん）といわれます。

これは，また

$$\int_0^x f(x)\,\mathrm{d}x = F(x) \qquad (1.2) \text{ もどき}$$

と考えることもできます。このあたりの経緯は，禅問答みたいで，わかりにくいのですが，あまり気にしないで前へ進みましょう。

ところで，図 1-6 において，x_1 と x_2 にはさまれて薄ずみが塗られた部分の面積は，x が 0 から x_2 までの間の面積から，x が 0 から x_1 までの面積を差し引いたものです。したがって，その値を求めたければ

$$\int_0^{x_2} f(x)\,\mathrm{d}x - \int_0^{x_1} f(x)\,\mathrm{d}x = F(x_2) - F(x_1) \qquad (1.5)$$

とすればいいはずです。このことを

$$\int_{x_1}^{x_2} f(x)\,\mathrm{d}x = [F(x)]_{x_1}^{x_2} \qquad (1.6)$$

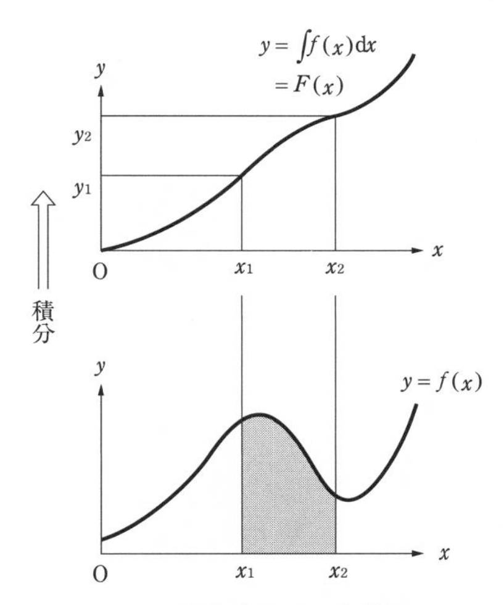

図 1-6　不定積分から定積分へ

というように，角カッコ [　] の右肩と右足に，上端 x_2 と下端 x_1 を書いて表します。

けっきょく，どういうことなのか

禅問答がいっそう酷（ひど）くなってしまいそうなので，具体例を見ていただきましょう。ある関数を積分するとどのような関数に変わるかについての公式は，すぐに（35 ページで）見ていただきますが，とりあえず

$$x^2 \xrightarrow{\text{積分する}} \frac{1}{3}x^3$$

という関係だけを使って

$$\int_{0.5}^{1} x^2 \, \mathrm{d}x \tag{1.7}$$

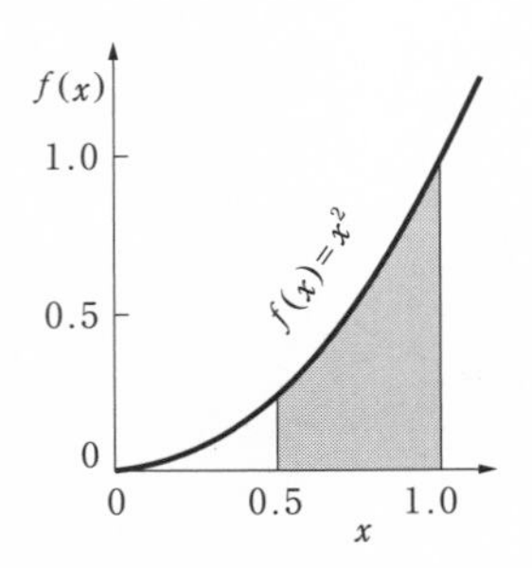

図 1-7　定積分を求める

の値を求めてみようと思います。

つまり，図 1-7 に薄ずみを施(ほどこ)したように，$f(x) = x^2$ の曲線と x 軸とにはさまれる領域のうち，x が 0.5〜1 の範囲の面積を計算してみましょう。

計算は，つぎのように，よどみなく流れていきます。

$$\int_{0.5}^{1} x^2\,\mathrm{d}x = \left[\frac{1}{3}x^3\right]_{0.5}^{1} = \overbrace{\frac{1}{3} \times 1^3}^{\text{ア}} - \overbrace{\frac{1}{3} \times 0.5^3}^{\text{イ}}$$
$$= \frac{1}{3} \times 1 - \frac{1}{3} \times 0.125 = \frac{0.875}{3} = \text{約}\,0.29 \qquad (1.8)$$

という次第です。この面積は，＋−×÷ の四則演算(しそくえんざん)だけでは，決して求めることができません。しかし，積分を使えばチョイの間です。どうでしょう，たちまち，数学についての新しい世界が広がったではありませんか。

なお，式 (1.8) において，アの部分は図 1-7 における x が 0〜1.0 の間にまたがる総面積であり，イの部分は x が 0〜

0.5 の間の面積を示していて，アからイを差し引いて薄ずみの面積を算出していることに合点しておいてください。

1.6 微積分の公式を作ってみよう

視覚から数理への飛躍

$y = f(x)$ という関数を微分するということは，この関数の変化率を表す式，つまり導関数の式を求めることでした。その実例をいくつも図示してきましたが，いずれも図から微分の姿を視覚的に読みとっていただく例ばかりでした。そこで，こんどは，数理的に微分する手順を見ていただこうと思います。お付き合いください。

まず，もっとも簡単な

$$f(x) = K \quad (K \text{ は定数}) \tag{1.9}$$

の場合は，どうでしょうか。この場合，x がどのように変化しても，右辺の値はまったく変わりません。したがって変化率はゼロです。すなわち

$$f'(x) = 0 \tag{1.10}$$

に決まっています。

つぎに

$$f(x) = x \tag{1.11}$$

ならどうでしょうか。縦軸に $f(x)$ を，横軸に x をとれば，常に縦軸方向の値と横軸方向の値が等しいのですから，式 (1.11) は原点を通って 45° の角度で上昇する直線を表しています。したがって，変化率 $f'(x)$ は常に

$$f'(x) = 1 \tag{1.12}$$

であることは明らかでしょう。

つづいて

$$f(x) = x^2 \tag{1.13}$$

の場合に進みます。こんどは少しめんどうなので，図 1-8 のお世話になります。式 (1.13) の 2 次曲線は，図のように右上がりに上昇していくと同時に，x が大きくなるにつれて変化率も増大していくような気配（けはい）が濃厚です。その気配を確かめるために，曲線上に P という点をとって，そこにおける変化率，すなわち微係数を求めてみましょう。

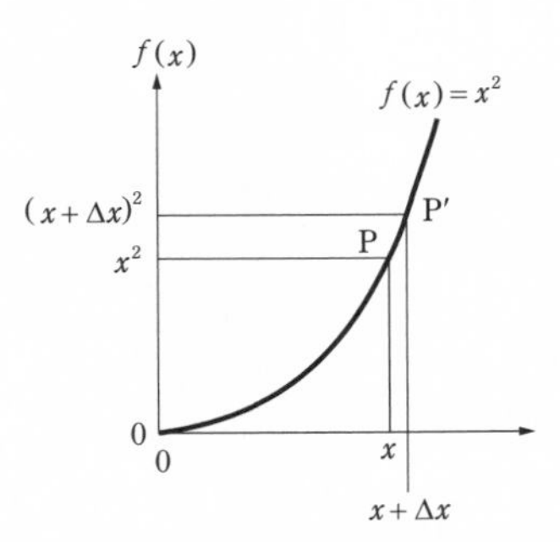

図 1-8　微分の原理

微係数は，その位置での接続の傾きの大きさで表されるのでしたが，私たちは，いきなり接線の方程式を求める方法を知りません。そこで，P 点の近くに P′ 点をとり，P と P′ を直線で結んでみましょう。そうすると，この直線の傾きは，図 1-8 を参考にすれば

$$\frac{(x+\Delta x)^2 - x^2}{\Delta x} = \frac{x^2 + 2x\cdot\Delta x + (\Delta x)^2 - x^2}{\Delta x} = \frac{2x\cdot\Delta x + (\Delta x)^2}{\Delta x} = 2x + \Delta x \quad (1.14)$$

となります。P 点における接線の傾きは，この式で，Δx をどんどんと小さくして，限りなくゼロに近づけた極限の値ですから

$$\lim_{\Delta x\to 0}(2x+\Delta x) = 2x \quad (1.15)$$

であり，これが，x の変化について生じる $f(x)$ の変化率です。このように，$f(x)$ の変化率を x の関数として求める操作が微分なのでした。

Column 1

極限という考え方

ある関数 $f(x)$ について，x をある値 a に限りなく近づけると，$f(x)$ の値が一定の値 b に限りなく近づくなら，x が a に近づくときの $f(x)$ の**極限値**（きょくげんち）は b であるといい

$$\lim_{x\to a} f(x) = b \quad (A)$$

と書いて表します。

このことを数学の言葉で正確にいうと，つぎのようになります。どれほど小さい正の値 ε（イプシロン）をとっても，それに対応して適当な正数 δ（デルタ）をとれば

$$a-\delta < x < a+\delta \quad (x \neq a)$$

である x のすべてについて，

$$b-\varepsilon < f(x) < b+\varepsilon$$

となる……ということです。このような理屈は **ε-δ 論法**（イプシロン-デルタろんぽう）と呼ばれ，微積分の学習者をたえず震え上がらせている有名な代物です。

ただし，ふつうの問題では，このような厄介なことを考える必要はありません。a の影響が端的に現れるように $f(x)$ を変化して，a がどんどん大きくなったときの $f(x)$ の値のゆき先を頭に描いてみれば，こと足りるのがふつうです。

いっきに運算してみます

話がごちゃごちゃしてきましたから

$$f(x) = x^2 \qquad \text{(1.13) と同じ}$$

を微分する操作をいっきに書いておきましょう。

$$\begin{aligned}
\frac{\mathrm{d}}{\mathrm{d}x}f(x) &= \lim_{\Delta x \to 0} \frac{f(x+\Delta x)-f(x)}{\Delta x} \\
&= \lim_{\Delta x \to 0} \frac{(x+\Delta x)^2 - x^2}{\Delta x} \\
&= \lim_{\Delta x \to 0} \frac{x^2 + 2x\cdot\Delta x + (\Delta x)^2 - x^2}{\Delta x}
\end{aligned}$$

$$
\begin{aligned}
&= \lim_{\Delta x \to 0} \frac{2x \cdot \Delta x + (\Delta x)^2}{\Delta x} \\
&= \lim_{\Delta x \to 0} (2x + \Delta x) = 2x
\end{aligned}
\tag{1.16}
$$

という流れでした。

この計算は，1 段ずつ丹念にたどっていけば，少しもむずかしくありません。ただし，Δx とか lim のような記号は決して愉快なものではありませんし，それに，$f(x)$ が x^2 というような理解しやすい関数ではなく，対数関数 $\log x$ とか三角関数 $\sin x$ などになると，それらに固有な演算の知識が必要になるので，そのたびにこのような計算をするのは現実的ではありません。

そこで，よく使われる関数については微分の公式集が作られています。そのうちの主要なものを 35 ページの表 1-1 に列挙しておきましたから，必要に応じてご利用ください。この公式集は，左側から右側へ向かっては微分ですが，微分と積分が逆方向の演算であることを利用すれば，右側から左側へ向かっては積分の公式集としても使えるのが嬉しいところです。

なお，三角関数は，あまり使う機会がない方にとっては，どれがどれやら混同してしまうことが少なくありません。そこで，余計なおせっかいかもしれませんが，一覧表を付けておきました（35 ページ表 1-2）。

極限こそ微分の定義式

ここで，式 (1.16) の流れを，もういちど見ていただけませんか。この式は，微分という考え方からスタートして，$f(x)=x^2$ の導関数を求めたものでした。この式の第 1 行め

$$\frac{\mathrm{d}}{\mathrm{d}x}f(x)=\lim_{\Delta x\to 0}\frac{f(x+\Delta x)-f(x)}{\Delta x} \tag{1.17}$$

が，微分の考え方そのものであり，**微分の定義式**であるということもできるでしょう。これからも，ときどき現れて私たちを悩ませてくれるはずですから，どうぞ，お見知りおきください。

(注1 e は自然対数の底（てい），$\log x$ は自然対数です。詳しくは第 2 章 65 ページを参照。

(注2 cosec，sec，cot という記号は，現在の高校数学では教えられていませんが，実務ではよく用いられます。定義は簡単で，sin，cos，tan をそれぞれ逆数にしただけです。三角関数を分母に含んだ分数を書きたいときに，スペースの節約に便利な表記法です。

(注3 arcsin，arccos，arctan を，それぞれ $\sin^{-1}$，$\cos^{-1}$，$\tan^{-1}$ と書く慣習もあります。

表 1-1　微積分公式集（微分を主役として）

$f(x)$ $\xrightarrow{\text{微分}}$	$f'(x)$
$F(x)$ $\xleftarrow{\text{積分}}$	$f(x)$
定数	0
x^n	nx^{n-1}
e^x (注1	e^x
a^x	$(\log a)a^x$
$\log x$ (注1	$\dfrac{1}{x}$
$\log_a x$	$\dfrac{1}{x \log a}$
$\sin x$	$\cos x$
$\cos x$	$-\sin x$
$\tan x$	$\sec^2 x$
$\sec x$	$\sec x \cdot \tan x$
$\operatorname{cosec} x$	$-\operatorname{cosec} x \cdot \cot x$
$\cot x$	$-\operatorname{cosec}^2 x$

表 1-2　三角関数覚え書き

関数	読み方	定義式
sin	サイン	$\sin\theta = \dfrac{c}{a}$
cos	コサイン	$\cos\theta = \dfrac{b}{a}$
tan	タンジェント	$\tan\theta = \dfrac{c}{b}$
cosec (注2	コセカント	$\operatorname{cosec}\theta = \dfrac{1}{\sin\theta} = \dfrac{a}{c}$
sec (注2	セカント	$\sec\theta = \dfrac{1}{\cos\theta} = \dfrac{a}{b}$
cot (注2	コタンジェント	$\cot\theta = \dfrac{1}{\tan\theta} = \dfrac{b}{c}$
arcsin (注3	アークサイン	$\arcsin\dfrac{c}{a} = \theta$
arccos (注3	アークコサイン	$\arccos\dfrac{b}{a} = \theta$
arctan (注3	アークタンジェント	$\arctan\dfrac{c}{b} = \theta$

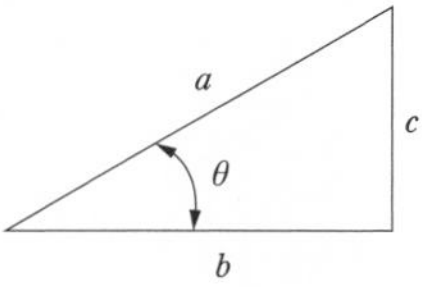

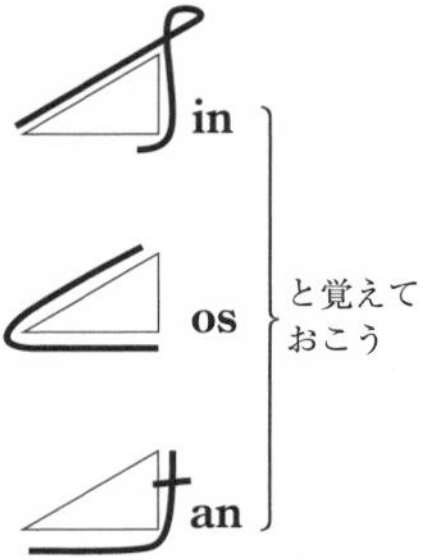

in / os / an と覚えておこう

(注1，(注2，(注3は，前ページの脚注を参照。

Column 2

微分可能ということ

14 ページで，経過年数につれて増減する貯金の残高などのように，階段状にぎくしゃくと変化する値は，微分にとっての泣き所だと書きました。なぜなのでしょうか。

微分というのは，$f(x)$ を表す曲線の各所における接線の傾きを調べることでした。だから，接続が引けないような場所では，微分はできません。

たとえば，$f(x)$ の曲線が図 1-9 のように P 点で折れ曲がっていると，P 点では接線が引けませんから，この位置では微分ができず，したがって微分係数も存在しないのです。

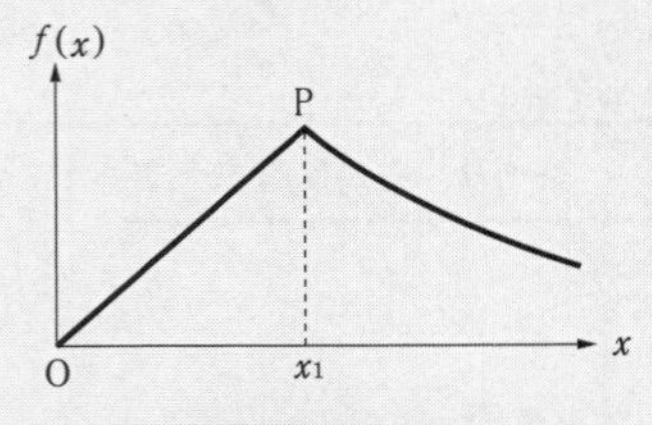

図 1-9　微分が可能か

ただし，この図でいえば，微分ができないのは P 点，すなわち，x が x_1 のところだけですから

$$0 < x < x_1 \quad \text{および} \quad x_1 < x$$

では微分が可能です。こういうとき，$f(x)$ はこの範囲において連続であるといえます。逆にいうと，微分ができるためには，$f(x)$ が連続でなければなりません。

図 1-9 では，誰が見ても，$f(x)$ を示す曲線が P 点で，$f(x)$ の導関数が不連続であることは明らかです。

しかし，これほど露骨に不連続というわけでもないけれど，はっきりと連続とも判断しきれない……という状況もありえます。そんな場合には，つぎのようにして連続か否かを確かめてください。

私たちは，30 ページあたりで

$$f(x) = x^2 \qquad (1.13) \text{ と同じ}$$

を x で微分してみました。そのときには図 1-8 のように，x より右側に Δx の幅をとり，その Δx をどんどん小さくしていった極限の姿から微係数を求めたのでした。

しかし，この Δx の幅は x の右側にとらなければならないと決まっているわけではなく，左側にとっても同様に，x における接線の傾きがわかるはずです。やってみましょう。

貴重な紙面を使って，Δx を x の左側にとった有り様を図 1-10 に描いてありますので，これを参考にしてつぎの式を追ってください。

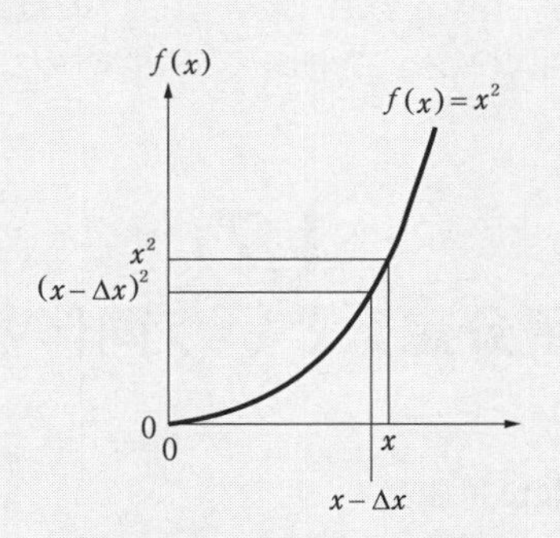

図 1-10　反対側からの微分

Δx をどんどん小さくしていった極限では，曲線の変化率，つまり，微分した値は

$$
\begin{aligned}
\frac{\mathrm{d}}{\mathrm{d}x}f(x) &= \lim_{\Delta x \to 0} \frac{f(x) - f(x - \Delta x)}{\Delta x} \\
&= \lim_{\Delta x \to 0} \frac{x^2 - (x - \Delta x)^2}{\Delta x} \\
&= \lim_{\Delta x \to 0} \frac{x^2 - x^2 + 2x \cdot \Delta x - (\Delta x)^2}{\Delta x} \\
&= \lim_{\Delta x \to 0} \frac{2x \cdot \Delta x - (\Delta x)^2}{\Delta x} = \lim_{\Delta x \to 0}(2x - \Delta x) = 2x
\end{aligned} \tag{1.18}
$$

となります。これは，x の右側に Δx の幅をとって，その極限を求めたときの式 (1.16) とまったく同じ値ではありませんか。まとめますと，

x の右側から求めた微係数と左側から求めた微係数とが存在し，しかも，この 2 つが一致することが，x で微分可能であるとともに $f(x)$ がその点で連続であると判定するための必要かつ十分な条件である

という次第です……。どうも，数学というものは，正確さを追求するあまり，むずかしいことを考えるものですね。

1.7
積分定数という同伴者

忘れてはいけない付属品

すみませんが，表 1-1 の微積分公式集を見ていただけませんか。定数を微分すると 0 になります。これは 29 ページの式 (1.10) に書いたとおりですから，なんの不思議もありま

せん。

そうであれば，逆に，**0 を積分すれば定数が出現する**はずではありませんか。

そのとおりなのです。したがって

$$\int f(x)\,\mathrm{d}x = F(x) \qquad (1.2)\ と同じ$$

という式は，きちょうめんにいえば

$$\int f(x)\,\mathrm{d}x = F(x) + C \quad (C\ は定数) \tag{1.19}$$

としなければなりません。左辺が

$$\int \{f(x) + 0\}\,\mathrm{d}x$$

と考えてもそうなるし，式 (1.19) の右辺を微分すれば C が消滅して $f(x)$ に戻ることからも，式 (1.19) の正しさが理解できるでしょう。

このような C は**積分定数**（せきぶんていすう）と呼ばれています。C または K で表すのがふつうですが，それ以外の文字を使うこともあります。

C は英語の constant，K はドイツ語の Konstante から来ており，どちらも「定数」という意味です。他の文字と混同しやすいときは，ちゃんと，この文字は積分定数ですよと断ってから使われるよう，おすすめします。

積分を使って具体的な例題を解くときには，積分定数が重要な働きをすることが多いので，積分定数を失念することは少ないでしょう。しかしながら，単に計算問題を解くときなどには，積分定数をうっかり付け忘れることが多いので，要注意です。

Column 3

積分と積分定数

数学的にきちんというと，つぎのとおりです。

関数 $f(x)$ に対して，$F'(x) = f(x)$ となるような関数 $F(x)$ を $f(x)$ の**原始関数**（げんしかんすう）という。$F(x)$ が $f(x)$ の原始関数ならば，$F(x)+C$ は，すべて $f(x)$ の原始関数である。$f(x)$ が与えられたとき，その原始関数を求めることを**積分する**（せきぶん）といい，原始関数を**積分**ということもある。なお，上記の C を**積分定数**（せきぶんていすう）という。

1.8 体積を最大にしてみよう

微分を使わなきゃわからない

「最大，最小，急変などを知る切り札は微分……」と，17 ページに書きました。そこで，微分を使って最大値を求める応用問題を 1 つだけ見ていただきましょう。

なるほどの実例 1-1

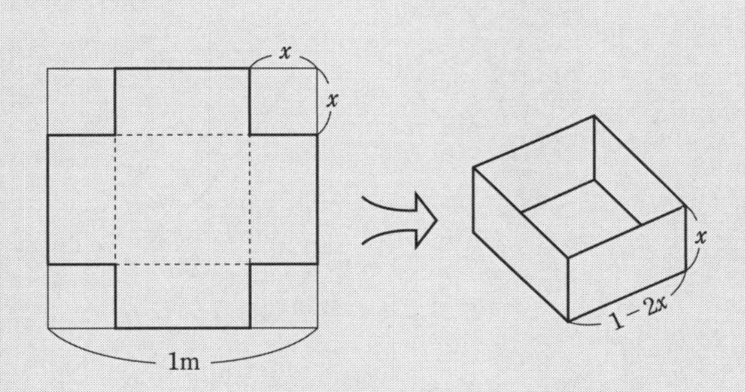

図 1-11　箱の容積を最大にしてみよう

縦も横も長さ 1 m の，正方形の鉄板があると思ってください。この鉄板の四隅を図 1-11 のように切り落とし，点線に沿って折り曲げて，ふたのない箱を作るつもりです。x をなん m にすれば，箱の容積が最大になるでしょうか。

【　答え　】何はともあれ，まず，箱の容積 V を x の関数として表さなければなりませんが，これは簡単です。四隅を x ずつ切り落としてできる箱の底面積は $(1-2x)^2$ ですから，これに高さ x を掛けて

$$V = (1-2x)^2 x = 4x^3 - 4x^2 + x \qquad (1.20)$$

です。

この 3 次式の x に適当な値を入れながら，V の曲線を描いてみると，だいたい次ページの図 1-12 のような形が浮かんできますが，これだけでは，V が最大になるような x の値

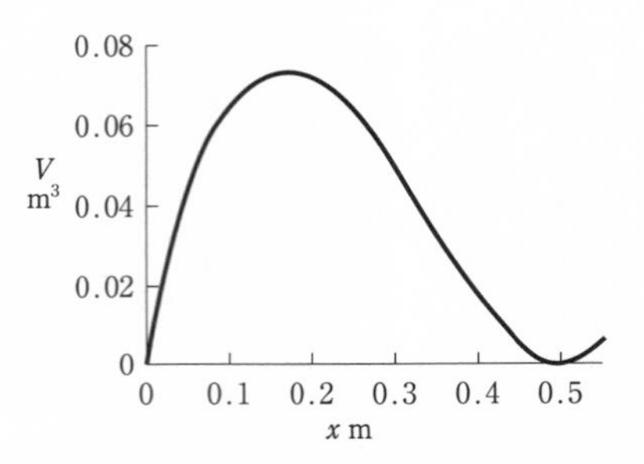

図 1-12　おおよその容積はこうなる

を正確に読みとることができません。

こういうときこそ，微分の出番です。17 ページでくどくどと述べたように，V を x で微分した値がゼロのところで，V が最大になっていると考えられるからです。さっそく，式 (1.20) を x で微分しましょう。

この式を微分するには 35 ページの公式集の中にある

$$x^n \xrightarrow{\text{微分}} nx^{n-1}$$

という関係，かっこよく書き直すと

$$\frac{\mathrm{d}}{\mathrm{d}x}x^n = nx^{n-1} \tag{1.21}$$

の関係を使います。また，x^n に定数が掛け合わされていても気にする必要はありません。その定数は，微分したあともしぶとく生き残って

$$\frac{\mathrm{d}}{\mathrm{d}x}kx^n = knx^{n-1} \tag{1.22}$$

となるだけです。また，式 (1.20) の右辺には，$4x^3$ と $4x^2$ と

x という 3 つの項が並んでいますが，右辺を微分するにはそれぞれの項を各個に微分すればいいので，ややこしい配慮はいっさい不要です。また，x^0 は 1（ゼロ乗すれば，なんでも 1 になる）ことも，思い出しておいてください。

では，式 (1.20) の両辺を微分しましょう。

$$\frac{\mathrm{d}V}{\mathrm{d}x} = 4 \times 3x^2 - 4 \times 2x + 1 = 12x^2 - 8x + 1 \qquad (1.23)$$

となりました。

こうして，V の変化率を表す式 (1.23) が求まれば，あとは，この値がゼロになるような x の位置を見つけるだけです。そこで，

$$12x^2 - 8x + 1 = 0 \qquad (1.24)$$

とおいて x を求めましょう。x は，2 次方程式を解く公式を使うと

$$x = \frac{8 \pm \sqrt{8^2 - 4 \times 12}}{2 \times 12} = \frac{8 \pm 4}{24} = \frac{1}{6} \text{ および } \frac{1}{2} \qquad (1.25)$$

であることがわかりました。

そこで，図 1-12 を，もういちど見てください。x が 1/6（約 0.167）のあたりが曲線の山の頂（いただき）になっていることが見てとれますね。これで，箱の容積を最大にするには，x を 1/6 m（約 16.7 cm）にすればいいことがわかりました。

$x = \frac{1}{6}$ m のとき，箱の容積が最大になる。……（答え） ■

最後の行のおしりに付けた ▮ は，「これにて解答終了」という意味の記号です。

このときの箱の容積は，式 (1.20) に $x=1/6$ を代入すれば

$$\begin{aligned} V &= 4\left(\frac{1}{6}\right)^3 - 4\left(\frac{1}{6}\right)^2 + \frac{1}{6} \\ &= \frac{4-4\times 6+6^2}{6^3} = \frac{16}{216} = \frac{2}{27}\mathrm{m}^3 \end{aligned}$$

と求められます。2/27 とは約 0.074 のことで，$0.074\,\mathrm{m}^3$ は 74 リットルに等しいのですから，かなりの量の収まる箱ができ上がりましたね。

ところで，式 (1.25) で出てきたもうひとつの箱，1/2 はなんなのでしょうか。図 1-12 を見ていただくと，確かに $x=1/2$ のところで曲線の傾きがゼロになっています。ただし，こんどは山頂ではなく谷底です。つまり，箱の容積が最小になる x の値を教えてくれています。

もっとも，教えてもらうまでもなく，1 m × 1 m の鉄板の四隅を 0.5 m × 0.5 m ずつ切り欠けば，鉄板そのものが消滅してしまうに決まっています。$x=1/2$ のとき体積 V がゼロになるのは，鉄板じたいが消えてなくなるからに他なりません。

微分係数の値がゼロのとき，そこが山頂なのか谷底なのか，あるいは，単なる平地なのかを判定する数学的な方法については 74 ページからご紹介する予定ですが，ふつうは，なんのために微分をしているのかを忘れさえしなければ，現象的に山と谷とを区別できないことは，めったに，なさそうに思います。

ところで，上のような鉄の箱を作る問題は，微積分業界では有名でして，こんなの見飽きているよ，という優秀な読者の方もいらっしゃるかもしれません。

しかし，なにも箱の容積に限らずとも，「関数の値をもっとも大きくしたい」という欲求は，あらゆる科学技術や社会現象の研究で，頻繁に現れてきそうではありませんか。そんな折，関数の値を最大にするような x を求めるには微分を使えばよい……という考え方は，実に役立ってくれているのです。

＼ちょこっと／練習 1-1 P16 の答え

貯水量 $f(x)$ が最大になったときの x は，導関数 $f'(x)$ の値がゼロのところを見ればわかるのでした。したがって，横軸目盛りを確認すると，$f(x)$ が最大になったのは，x が 3.6 強くらいのときです。

$f(x)$ が最小になる位置についても同様に，x が 7.2 くらいのときと見られます。

目分量とはずいぶんいいかげんだな，と思われるかもしれません。けれども，正式に計算する前にこうしてあたりをつける作業は，なかなかどうして，実用にも役立つのです。

第 2 章

微分のテクニック 入門編

初等関数の微分

伊藤左千夫(さちお)の小説『野菊の墓』で有名な矢切(やぎり)の渡し。舟の行き来にかかる時間を最短にするのに，微分が活用されています。

2.1
一里塚への第一歩は x^n の微分

長い旅の，はじまり，はじまり

門松（かどまつ）は冥途（めいど）の旅の一里塚（いちりづか）

という俳句があります。門松は一年の始まりのめでたい印なのですが，門松を立てるたびに年をとって冥途（あの世）へ近づいていくのだから，手放しでめでたいともいいきれないという意味で，このあとに

めでたくもありめでたくもなし

と続けたりもします。

昔は満年齢ではなく数え年（かぞえどし）が使われていたので，誰もがお正月には 1 歳年をとることになっていたのです。

なお，一里塚というのは，昔，全国の主な街道沿いに 1 里（約 4 km）ごとに設けられた里程標（りていひょう）で，旅人は一里塚を通過するたびに旅程の進行に思いを馳（は）せていたのでしょう。

私たちは，微積分街道を，いま，歩きはじめるところです。この街道は険しくはありませんが，あまり楽しくもありません。せめて，つぎの一里塚が見えてくるのを楽しみに，しこしこと歩みを進めることにしましょう。

その第一歩として，35 ページの表 1-1 に羅列（られつ）した微分の公式のうち，代表的ないくつかを作り出してみようと思います。お付き合いください。トップ・バッターは，x^n を x で微分すると nx^{n-1} になるという公式です。私たちは，すでに，この公式を使うまでもなく

$$f(x) = K\ (\text{定数})\quad \text{なら}\quad f'(x) = 0 \qquad (1.10)\ \text{と同じ}$$

$$f(x) = x\quad \text{なら}\quad f'(x) = 1 \qquad (1.12)\ \text{と同じ}$$

$$f(x) = x^2\quad \text{なら}\quad f'(x) = 2x \qquad (1.16)\ \text{もどき}$$

などを考え出してきましたが，ここでは，一挙に

$f(x) = kx^n\,(k$ は定数$)$ なら

$$f'(x) = \frac{\mathrm{d}}{\mathrm{d}x}(kx^n) = knx^{n-1} \tag{2.1}$$

となることを証明してしまいましょう。証明の仕方にはなん種類も考えられますが，33 ページの式 (1.16) のときと同じ手続きで，ごりごりと攻めていこうと思います。

$$\begin{aligned}
&\frac{\mathrm{d}}{\mathrm{d}x}f(x)\\
&= \lim_{\Delta x\to 0}\frac{k(x+\Delta x)^n - kx^n}{\Delta x}\\
&= \lim_{\Delta x\to 0}\frac{k(x^n + {}_n\mathrm{C}_1x^{n-1}\cdot\Delta x + {}_n\mathrm{C}_2x^{n-2}\cdot\Delta x^2 + \cdots + \Delta x^n) - kx^n}{\Delta x}\\
&= \lim_{\Delta x\to 0}\frac{k({}_n\mathrm{C}_1x^{n-1}\cdot\Delta x + {}_n\mathrm{C}_2x^{n-2}\cdot\Delta x^2 + \cdots + \Delta x^n)}{\Delta x}\\
&= \lim_{\Delta x\to 0}k({}_n\mathrm{C}_1x^{n-1} + \underbrace{{}_n\mathrm{C}_2x^{n-2}\cdot\Delta x + \cdots + \Delta x^{n-1}}_{\Delta x\,\to\,0\ \text{の極限ではどの項もゼロになる}})
\end{aligned} \tag{2.2}^*$$

したがって

$$\frac{\mathrm{d}}{\mathrm{d}x}(kx^n) = k \cdot {}_n\mathrm{C}_1 \cdot x^{n-1} = knx^{n-1} \tag{2.3}$$

となり，見事に式 (2.1) が証明されました。

n が自然数のとき，つぎの公式が成り立ちます。

$$(a+b)^n = {}_n\mathrm{C}_0 a^n + {}_n\mathrm{C}_1 a^{n-1} b + {}_n\mathrm{C}_2 a^{n-2} b^2 + \cdots + {}_n\mathrm{C}_{n-2} a^2 b^{n-2} + {}_n\mathrm{C}_{n-1} ab^{n-1} + {}_n\mathrm{C}_n b^n$$

これを**二項定理**（にこうていり）といいます。式 (2.2) の運算で，二項定理を証明なしに使わせていただいたことを，ご了承ください。

なお，微分される関数 x^n に掛け合わされていた定数 k が，微分された後でもそのまま残っていることも，ご記憶のうえ，利用してください。

x^n の微分は，なんでもござれ

前の項で，kx^n を x で微分すると knx^{n-1} になること，すなわち

$$\boxed{\frac{\mathrm{d}}{\mathrm{d}x}(kx^n) = knx^{n-1}} \qquad \text{(2.3) もどき}$$

＊ ${}_n\mathrm{C}_r$ という記号は，n 個の中から r 個を取り出す組合せの数で，その値は

$${}_n\mathrm{C}_r = \frac{n!}{r!(n-r)!} \quad （ゆえに {}_n\mathrm{C}_1 = n）$$

で表されます。この中の！は，**階乗**（かいじょう）（ファクトーリアル）と読み，1 からその数までの整数をぜんぶ掛け合わせた値（$1 \times 2 \times \cdots \times n$）を表します。$n!$ は，n につれてみるみる大きくなるので，！をふざけてオッタマゲーション・マークと読む人もいます。

になることをご紹介しました。実は，この関係は，n が $1, 2, 3, \cdots$ というような自然数でなくても，有理数*でありさえすれば，いつでも成立するのです。n が分数であっても，マイナスの値であってもいいのですから，これは便利です。

ここでは「有理数でありさえすれば」と書きましたが，実は無理数でも大丈夫です。

さっそく，いくつかの例を見てください。まず，n がマイナスの値の場合です。

$$\frac{1}{x} = x^{-1}, \quad \frac{1}{x^2} = x^{-2}, \quad \cdots, \quad \frac{1}{x^n} = x^{-n}$$

であることはご承知のとおりですから，たとえば

$$\frac{\mathrm{d}}{\mathrm{d}x}\left(\frac{1}{x}\right) = \frac{\mathrm{d}}{\mathrm{d}x}(x^{-1}) = -1 \cdot x^{-2} = -\frac{1}{x^2} \tag{2.4}$$

$$\frac{\mathrm{d}}{\mathrm{d}x}\left(\frac{5}{x^2}\right) = \frac{\mathrm{d}}{\mathrm{d}x}(5x^{-2}) = 5(-2)x^{-3} = -10\frac{1}{x^3} \tag{2.5}$$

$$\frac{\mathrm{d}}{\mathrm{d}x}\left(\frac{1}{x^p}\right) = \frac{\mathrm{d}}{\mathrm{d}x}(x^{-p}) = -px^{-p-1} \tag{2.6}$$

というぐあいに，すいすいと計算が進みます。

また，n が分数であっても，平気です。

$$\sqrt{x} = x^{\frac{1}{2}}, \quad \sqrt{x^3} = x^{\frac{3}{2}}, \quad \sqrt[q]{x^p} = x^{\frac{p}{q}}$$

などの関係を思い出していただけば

---

* **有理数**というのは，2 つの整数 a と b $(b \neq 0)$ の比 a/b で表すことのできる数のことであり，$\sqrt{2}$，π，e などの無理数をふくまないふつうの数のことです。

$$\frac{\mathrm{d}}{\mathrm{d}x}(\sqrt{x})=\frac{\mathrm{d}}{\mathrm{d}x}(x^{\frac{1}{2}})=\frac{1}{2}x^{-\frac{1}{2}}=\frac{1}{2}\frac{1}{\sqrt{x}} \tag{2.7}$$

$$\frac{\mathrm{d}}{\mathrm{d}x}(\sqrt[5]{x})=\frac{\mathrm{d}}{\mathrm{d}x}(x^{\frac{1}{5}})=\frac{1}{5}x^{-\frac{4}{5}}=\frac{1}{5}\frac{1}{\sqrt[5]{x^4}} \tag{2.8}$$

$$\frac{\mathrm{d}}{\mathrm{d}x}(\sqrt[q]{x^p})=\frac{\mathrm{d}}{\mathrm{d}x}(x^{\frac{p}{q}})=\frac{p}{q}x^{\frac{p}{q}-1}=\frac{p}{q}x^{\frac{p-q}{q}}=\frac{p}{q}\sqrt[q]{x^{p-q}} \tag{2.9}$$

という調子です。このように，x^n を微分すると nx^{n-1} になるという性質は，実用上の利用価値が絶大なのです。これを承知すれば，微積分街道の最初の一里塚に向かって確かな第一歩を踏み出したことは間違いありません。

なお，この章では，d/dx につづく微分される関数を ( ) で囲んできました。微分される関数であることを明らかにするためでしたが，間違える心配がなければ，このような ( ) は省いて差し支えありません。

$$\frac{\mathrm{d}}{\mathrm{d}x}(\sqrt[q]{x^p})\ \text{を，単に}\ \frac{\mathrm{d}}{\mathrm{d}x}\sqrt[q]{x^p}$$

とするようにです。また

$$\sqrt[q]{x^p}\ \text{は，単に}\ x^{\frac{p}{q}}$$

と書くほうがスマートかもしれません。

では，一里塚に向かって第一歩を踏み出したことを記念して，つぎの練習問題を解いてみてください。

\ちょこっと/ 練習 2-1

つぎの各式を x で微分してください。答えは 86 ページにあります。

$$x^5,\quad x^{2.5},\quad \frac{\sqrt{x}}{\sqrt[3]{x^2}},\quad x^{\frac{\pi}{2}}$$

［ヒントはこちら→］　分数や根号は，$1/x = x^{-1}$，$\sqrt{x} = x^{1/2}$ などのように，とにかく **x の右肩に定数が乗った形**に書き直してしまうのが先決です。

2.2 第二歩は三角関数の微分

道のりは甘くないけれど……

微積分への第一歩である x^n の微分へと踏み出したのにつづいて，第二歩を三角関数の微分へと進めようと思います。35 ページの公式集では，x^n につづいて，e^x，a^x，$\log x$ など指数・対数の仲間が並んでいるのですが，どうでもいいような理由によって，三角関数のほうを先に取り上げることを，お許しください。

三角関教の代表として $\sin x$ を選び，式 (1.16) や式 (2.2) のときと同じ考え方，すなわち，微分の原理を表す式

$$\frac{\mathrm{d}}{\mathrm{d}x}f(x) = \lim_{\Delta x \to 0} \frac{f(x+\Delta x) - f(x)}{\Delta x} \qquad (1.17) と同じ$$

を使って，ごりごりと微分していきましょう。

$$\frac{\mathrm{d}}{\mathrm{d}x}\sin x = \lim_{\Delta x \to 0} \frac{\sin(x+\Delta x) - \sin x}{\Delta x} \tag{2.10}$$

ここで，巻末（327 ページ）に付けてある三角関数の公式の一つ

$$\sin\alpha - \sin\beta = 2\cos\frac{\alpha+\beta}{2}\sin\frac{\alpha-\beta}{2} \tag{2.11}$$

を借用します。そして，式 (2.10) の右辺の分子だけに注目し

$$\sin\overbrace{(x+\Delta x)}^{\alpha} - \sin\overbrace{x}^{\beta}$$

とみなして式 (2.11) を適用してみてください。

$$\sin(x+\Delta x) - \sin x = 2\cos\frac{2x+\Delta x}{2}\sin\frac{\Delta x}{2} \tag{2.12}$$

となります。そうすると，式 (2.10) は

$$\begin{aligned}\frac{\mathrm{d}}{\mathrm{d}x}\sin x &= \lim_{\Delta x \to 0}\frac{2\cos\dfrac{2x+\Delta x}{2}\sin\dfrac{\Delta x}{2}}{\Delta x} \\ &= \lim_{\Delta x \to 0}\cos\left(x+\frac{\Delta x}{2}\right)\cdot\frac{\sin\dfrac{\Delta x}{2}}{\dfrac{\Delta x}{2}}\end{aligned} \tag{2.13}$$

と変形されます。

さて，ここで，Δx をどんどん小さくしていくと，どうなるでしょうか。右辺を 2 つに分けて考えてみましょう。まず

$$\cos\left(x+\frac{\Delta x}{2}\right)$$

の部分についていえば

$$\lim_{\Delta x \to 0} \cos\left(x + \frac{\Delta x}{2}\right) = \cos x \tag{2.14}$$

に落ち着くでしょう。つぎに，式 (2.13) の右辺の半分

$$\lim_{\Delta x \to 0} \frac{\sin \dfrac{\Delta x}{2}}{\dfrac{\Delta x}{2}} \tag{2.15}$$

は，どうなっていくでしょうか。Δx をゼロに近づけると，分子も分母もゼロに近づいていくので，ゼロ分のゼロに限りなく近づいていきます。こういうケースは，極限を求める問題としては，もっとも始末が悪く，数学としては取り扱わないのがふつうなのです。

ところが，ありがたいではありませんか。

$$\lim_{\theta \to 0} \frac{\sin \theta}{\theta} = 1 \tag{2.16}$$

であることが，先人によって証明されているのです。この証明はユニークでおもしろいので，つぎの項からご紹介することにして，ここでは，この性質によって式 (2.15) が 1 になっていくことをすなおに認めて，利用することにしましょう。

では，式 (2.13) に戻りましょう。この式の 2 行めで，Δx をどんどん小さくしていくと前半分は式 (2.14) によって $\cos x$ に近づいていくし，後半分は式 (2.16) の性質によって 1 に近づいていくのですから，全体としては $\cos x$ に近づいていくにちがいありません。

甘くない道のりでしたが，こうして，式 (2.13) は

$$\frac{\mathrm{d}}{\mathrm{d}x}\sin x = \cos x \tag{2.17}$$

という整理された形に落ち着くことが，めでたく判明しました。

なお，sin ではなく cos についても，同じような手順で

$$\frac{\mathrm{d}}{\mathrm{d}x}\cos x = -\sin x$$

という微分公式を導き出すことができます。ご用とお急ぎのない方は，ぜひ試してみていただけませんか。

また，$\tan x$ の微分については，事情があって，つぎの第3章でご紹介する予定です。

あたりまえでは，ありません

ところで，前の項では

$$\lim_{\theta \to 0} \frac{\sin\theta}{\theta} = 1 \tag{2.16}$$ と同じ

という関係を利用して話を進めました。そのとき，
「θ をどんどん 0 に近づけていけば，分子も分母も 0 に近づくのだから，$\theta \to 0$ の極限では分子も分母も 0 になる。分子と分母が等しい分数は 1 だから，この式が 1 になるのはあたりまえ……」
と思われた方がおられたとしたら，それは，間違いです。論より証拠，たとえば

$$\lim_{x \to 0} \frac{x^2}{x} \tag{2.18}$$

は，$x \to 0$ の極限では分子も分母もほとんど 0 ですが，この式の極限が 1 であると判定する方は，まず，いないでしょう。lim がかぶせられている分数式を約分すれば，$x^2/x = x$ なのですから……。

それなら，式 (2.16) は，なぜ 1 になるのでしょうか。ここでは，それを証明してみようと思います。

ゼロ分のゼロをはさみ撃ち

図 2-1 をごらんください。O を中心にして鋭角 θ を作り，半径 r の円弧 AB を描きます。そうすると

$$\mathrm{OA} = \mathrm{OB} = r \tag{2.19}$$

です。つづいて，A 点で OA に垂線を立て，OB を延長した直線と C 点で交わらせます。こうしてできた扇形 OAB の面積は，三角形 OAB よりは大きく，三角形 OAC よりは小さいことは明らかでしょう。すなわち

$$\triangle\mathrm{OAB} < \text{扇形 OAB} < \triangle\mathrm{OAC} \tag{2.20}$$

となっています。つぎに，この 3 つの図形の面積を調べてみましょう。

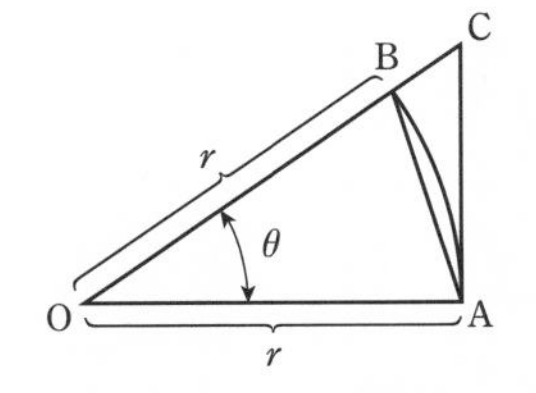

図 2-1　式 (2.16) を図に描くと

まず，$\triangle$OAB は，底辺の長さが r で，高さが $r\sin\theta$ ですから

$$\triangle \mathrm{OAB} = \frac{1}{2}r^2\sin\theta \tag{2.21}$$

です。つぎは扇形の面積です。角度 θ を表す単位にラジアンを使えば，その面積は半径 r の円の面積の $\theta/2\pi$ 倍ですから

$$扇形\ \mathrm{OAB} = \pi r^2\frac{\theta}{2\pi} = \frac{1}{2}r^2\theta \tag{2.22}$$

となります。最後に，$\triangle$OAC の面積は，底辺が r で，高さが $r\tan\theta$ ですから

$$\triangle \mathrm{OAC} = \frac{1}{2}r^2\tan\theta \tag{2.23}$$

となっています。

Column 4

ラジアンという角度の単位

角度の大きさを表すには，日常生活では，直角を 90 度として，30 度，60 度などと表現することに，私たちは馴れています。

ところが，数学では角度の単位としては，度ではなく，**ラジアン**を使うのがふつうです。そのほうが便利だからです。したがって，とくに断っていなければ，角度の単位はラジアンだと思ってください。

1 ラジアンは，図 2-2 のように，円周に沿って半径に等しい長さの弧を切り取るような角度の大きさです。半径 r の円の円周は $2\pi r$ ですから，円の全周を切り取るような角度（360°）が，2π ラジアンに相当するわけです。したがって

$$1\,\text{ラジアン} = \frac{360^\circ}{2\pi} = 57.3^\circ$$

くらいの大きさです。

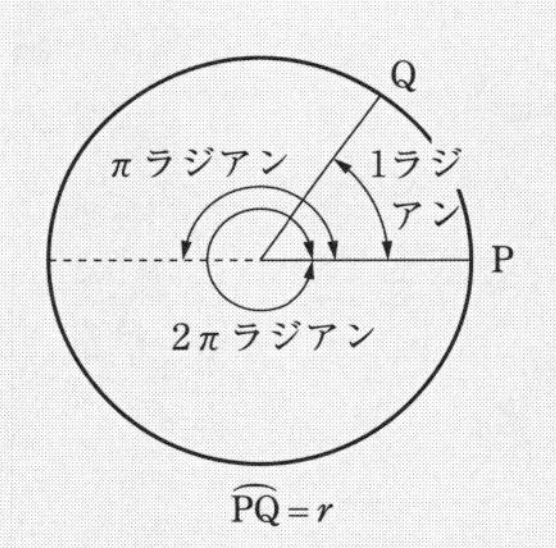

図 2-2　弧度法

ラジアンによって角度を表す方法は，**弧度法**（こどほう）といわれ，これを使うと円や三角関数などに関する演算がスマートに進行するので，中等以上の数学にとっては欠かせない道具の 1 つとなっています。

では，これらの面積の値を式 (2.20) に代入してください。

$$\frac{1}{2}r^2\sin\theta < \frac{1}{2}r^2\theta < \frac{1}{2}r^2\tan\theta \tag{2.24}$$

となります。ここで，$r^2/2$ は正の値なので，各辺をいっせいに $r^2/2$ で割っても $<$ の向きは変わりませんから，いっせいに割ると

$$\sin\theta < \theta < \tan\theta \tag{2.25}$$

という関係が見えてきます。さらに，図 2-1 では θ が正の鋭角になっているので $\sin\theta$ も正の値ですから，式 (2.25) の各

辺をいっせいに $\sin\theta$ で割っても不等号の向きは変わりません。すなわち

$$1 < \frac{\theta}{\sin\theta} < \frac{1}{\cos\theta} \qquad (2.26)$$

が成立するはずです。

なぜ式 (2.26) が成立するかというと，なんのことはない，$\tan\theta = \dfrac{\sin\theta}{\cos\theta}$ だからです。第 1 章の表 1-2（35 ページ）でご紹介しています。

さらに，この各辺はすべて正の値なので，各辺の逆数をとると不等号の向きが変わり

$$1 > \frac{\sin\theta}{\theta} > \cos\theta \qquad (2.27)$$

となります。見てください。私たちが求めている $\sin\theta/\theta$ を両側からはさみ撃ちにする態勢ができてきました。

では，式 (2.27) の θ をどんどん小さくしていったら，どうなるでしょうか。左辺の 1 は，ビクともせずに 1 のままです。右辺の $\cos\theta$ のほうは，θ が大きいうちはコンマ以下の小さな値ですが，θ が小さくなるにつれて限りなく 1 に近づいてゆきます。

それなら，1 と $\cos\theta$ にはさまれている $(\sin\theta)/\theta$ も，限りなく 1 に近づいていくほかに生存する道がないではありませんか。こうして

$$\lim_{\theta\to 0}\frac{\sin\theta}{\theta} = 1 \qquad (2.16) と同じ$$

が証明されました。手数がかかりましたが，ユニークな証明

法が楽しめましたね。

2.3
第三歩は指数と対数の微分

人間くさい 2 つの関数

こんどは，指数関数と対数関数の微分です。実は，これらの関数は x^n や三角関数よりも，ずっと人間くさい関数であり，身につまされる話題も多いのですが，残念ながらそれらの話題に寄り道をしている余裕がありません。いきなり，無粋な本論に入ります。

$$y = a^x \quad (a > 0,\ \ a \neq 1) \tag{2.28}$$

の形をしている関数は，a を底（てい）（ソコと読むと笑われます）とする**指数関数**（しすうかんすう）といいます。

変数 x が右肩に乗っかっている，この関数 a^x は，ふつうの代数的な方法（$+$，$-$，$\times$，$\div$，$\sqrt{\ }$）によっては，x について解くことができません。

「x について解く」とは，$x =$（何がし）という形にもちこむという意味です。もちろん，（何がし）の中に x じしんが含まれてはいけません。

そこで，式 (2.28) を x について解いた姿を

$$x = \log_a y \tag{2.29}$$

と約束することにし，x は a を底とする y の**対数**（**対数関数**）であるということに決めます。したがって，式 (2.28) と式 (2.29) とは，同じ内容を表す式なのです。

ただし，式の形を表すときには $y = f(x)$ とするのがふつうですから，ここでも，式 (2.29) の x と y を入れ換えて

$$y = \log_a x \tag{2.30}$$

という関数を登場させます。したがって，式 (2.28) で表される指数関数と，式 (2.30) の対数関数とは，互いに逆関数になっているわけです。ややこしいですね。私のせいではありませんが，申し訳ないような気がします。

表 2-1　対数の計算のルール

対数の公式	もとになる指数法則
$\log_a AB = \log_a A + \log_a B$	$a^m a^n = a^{m+n}$
$\log_a \dfrac{A}{B} = \log_a A - \log_a B$	$\dfrac{a^m}{a^n} = a^{m-n}$
$\log_a A^n = n \log_a A$ （$n = -1$ とすると， $\log_a \dfrac{1}{A} = -\log_a A$）	$a^{mn} = (a^m)^n = \underbrace{a^m \times \cdots \times a^m}_{n\text{ 個}}$
$\log_a 1 = 0$	$a^0 = 1$
$\log_a a = 1$	$a^1 = a$

まず対数関数より始めよ

では，式 (2.28) の指数関数と，式 (2.30) の対数関数を微分してみましょう。ちょっとした理由があって，対数関数のほうから始めます。微分の考え方そのものである式 (1.17) に

従って，表 2-1 を参照しながらごりごりと式 (2.30) を微分していきます。

$$\frac{\mathrm{d}y}{\mathrm{d}x} = \frac{\mathrm{d}}{\mathrm{d}x}\log_a x = \lim_{\Delta x \to 0} \frac{\log_a(x+\Delta x) - \log_a x}{\Delta x}$$
$$= \lim_{\Delta x \to 0} \frac{\log_a \dfrac{x+\Delta x}{x}}{\Delta x} = \lim_{\Delta x \to 0} \frac{\log_a \left(1 + \dfrac{\Delta x}{x}\right)}{\Delta x} \tag{2.31}$$

となるのですが，このままで $\Delta x \to 0$ とするのは，あんばいが良くありません。$\Delta x \to 0$ とすると分母はもちろんゼロに近づくし，また，$\log_a 1$ はゼロなので（表 2-1），分子もゼロに近づいてしまうからです。

そこで，新しい知恵を働かせて

$$\frac{\Delta x}{x} = h \tag{2.32}$$

としてみましょう。そうすると，これがすべての x について成立するためには

$$\Delta x = hx \text{ だから}$$
$$\Delta x \to 0 \quad \text{なら} \quad h \to 0$$

となるはずです。そこで，これらの関係によって式 (2.31) を書き改めると

$$\frac{\mathrm{d}y}{\mathrm{d}x} = \lim_{h \to 0} \frac{\log_a(1+h)}{hx}$$
$$= \lim_{h \to 0} \left\{ \frac{1}{x} \cdot \frac{1}{h} \log_a(1+h) \right\}$$

ここで $1/x$ は $h \to 0$ に無関係ですから，lim 記号の前に

出し，また，$1/h$ を log 記号の右側に含ませてしまえば

$$\frac{\mathrm{d}y}{\mathrm{d}x} = \frac{1}{x}\lim_{h \to 0}\log_a(1+h)^{1/h} \tag{2.33}$$

となります。だんだん煮つまってきたようですね。

値はいくら？

さあ，ここで $h \to 0$ とすると，どうなるでしょうか。$h \to 0$ がもろに効いてくるのは

$$(1+h)^{1/h} \tag{2.34}$$

のところですから，$h \to 0$ につれて，この式がどういう値に落ち着くかを考えてみてください。h が小さくなるにつれて（　）の中はどんどん 1 に近づいてきますが，その代わり，右肩に付いている $1/h$ はどんどん大きくなっていきます。

全体としては，**1 よりごくごくわずかに大きい値を，なんべんも，なんべんも限りなく掛け合わせたら，どういう値になるか**ということです。その値は，先人たちの研究の結果

$$2.718281828\cdots$$

と限りなくつづく値であることが知られていて，この値 $2.718281828\cdots$ は，e と呼ばれています。すなわち，

$$\lim_{h \to 0}(1+h)^{1/h} = e \tag{2.35}$$

なのです。（　）の中が 1 に近づく勢いと，$1/h$ が大きくなる勢いとが絶妙なバランスを保って，1 にもならず，無限大にもならず，e という妥協（だきょう）点を見出しているところが，神秘的ではありませんか。

ここで，式 (2.33) に戻ってください。この式の右辺で

$h \to 0$ とすると，右辺に含まれる $(1+h)^{1/h}$ の部分が e になってしまうのですから，式 (2.33) は

$$\frac{\mathrm{d}y}{\mathrm{d}x} = \frac{1}{x}\log_a e \tag{2.36}$$

となることがわかります。y が式 (2.30) が示すとおり $\log_a x$ であったことを思い出すと

$$\boxed{\frac{\mathrm{d}}{\mathrm{d}x}\log_a x = \frac{1}{x}\log_a e} \tag{2.37}$$

ということになります。これが，対数関数についての一般的な微分公式です。

種類の豊富な対数関数

ここまでは対数の底を，なんでもありの a としてきましたが，実際に対数を使うときには

底を　2　にする　$\log_2 x$
底を　10　にする　$\log_{10} x$（常用対数という）
底を　e　にする　$\log_e x$（自然対数という）

の 3 種類が主に使われます。$\log_2 x$ は 2^x に対応するので，コンピュータ業界で使われる 2 進法むきです。また，$\log_e x$ は数学むきといえるかもしれません。

3 種の対数の間には

$$\log_e x \fallingdotseq 2.30 \log_{10} x, \quad \log_2 x \fallingdotseq 3.32 \log_{10} x$$

の関係式があり，互いに，容易に換算できます。数学では自然対数 $\log_e$ を $\log$ と略記するのがふつうですが，実用上は常用対数 $\log_{10}$ のことを $\log$ と略記する人もいます（たとえば，関数電卓

に $\boxed{\log}$ というボタンがあったら，それはたいてい常用対数のことです)。

このような混乱を避けるために

常用対数　を　$\lg x$，自然対数　を　$\ln x$

と書く約束もあります。これなら，間違いなく区別できますね。

$\log_e x$ が数学むきといえる，何よりの証拠を見ていただきましょう。式 (2.37) において，a を e に置き換えてみてください。

$$\frac{\mathrm{d}}{\mathrm{d}x}\log_e x = \frac{1}{x}\log_e e \tag{2.38}$$

となりますが，$\log_e e$ は 1 ですから

$$\frac{\mathrm{d}}{\mathrm{d}x}\log_e x = \frac{1}{x} \tag{2.39}$$

となります。数学では，対数の底が e のときには，$\log_e$ と書くべきところを省略して $\log$ と書くのがふつうなので，この式は

$$\boxed{\frac{\mathrm{d}}{\mathrm{d}x}\log x = \frac{1}{x}} \tag{2.40}$$

という，すっきりした形で公式集に並んでいます。

指数関数が微分できない？

この節では，指数関数と対数関数を微分しようと志(こころざ)したのですが，この志と違って，微分に成功したのは対数関数のみで，指数関数，つまり，

$$y = a^x \qquad \text{(2.28) と同じ}$$

のほうが手つかずのまま残っています。といっても，微分じたいが不可能というわけではなく，実は，この関数を微分するには，ちょっとしたテクニックが必要なのです。つぎの第 3 章で改めて取り上げますので，ここでは，公式だけをご紹介しようと思います。

$$\boxed{\frac{\mathrm{d}}{\mathrm{d}x}a^x = a^x \log a} \tag{2.41}$$

2.4
不死身の e^x

短いけれど，重要です

ところで，前節の式 (2.41) で，a を e とおいてみてください。

$$\frac{\mathrm{d}}{\mathrm{d}x}e^x = e^x \log e \tag{2.42}$$

となりますが，$\log e$ は 1 ですから

$$\frac{\mathrm{d}}{\mathrm{d}x}e^x = e^x \tag{2.43}$$

です。すなわち，e^x は，微分しても e^x のままなのです。ところが，33 ページに書いたように，ある関数を微分してできた関数を積分するともとの関数に戻るのでしたから，e^x を微分すると e^x になるなら，e^x を積分すると e^x になる理屈です。このように，e^x は微分しても e^x，積分しても e^x とい

う，まさに，不死身（ふじみ）の関数なのです。脱帽……！

この節はショート・ショートでしたが，中身はたいせつですから，お忘れなく……。

2.5 応用問題をおひとつどうぞ

矢切の渡しではありませんが

41 ページでは容積を「最大」にしましたから，こんどは，所要時間を「最小」にしてみましょう。

なるほどの実例 2-1

図 2-3 を，ごらんください。出発点と終点とが幅 w の水路をはさんで位置し，水路方向にも W だけずれています。

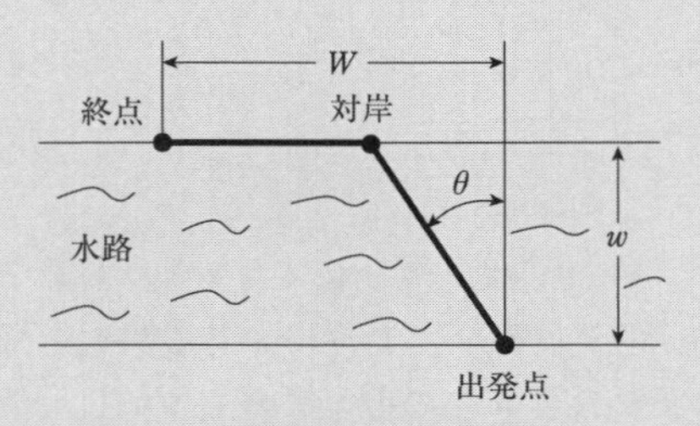

図 2-3　最短時間の経路は

私は，出発点から水路を一直線に泳いで渡り，対岸に着いたら，岸辺を走って終点まで行こうと思います。私の泳ぐ速さを v，走る速さは V とおいてください（水路の流れの速さは，無視します）。

さて，出発点から水路に直角な線より，終点方向に θ だけ角度をつけて泳ぎ出すとします。もっとも短時間で終点に着きたいのですが，そのために，泳ぎ出すべき角度 θ を教えてくれませんか。

【　答え　】図を参照していただくと，泳ぐ距離は $w/\cos\theta$ ですから，泳ぐのに要する時間は，距離を速さで割って

$$w/(v\cos\theta)$$

です。また，対岸に渡ってから終点までの距離は $W - w\tan\theta$（この値は正とする）ですから，これを走るのに要する時間は

$$(W - w\tan\theta)/V$$

です。したがって，出発点から終点までに要する時間 T は

$$T = \frac{w}{v\cos\theta} + \frac{W - w\tan\theta}{V} \tag{2.44}$$

となります。この値が最小になるような θ の値を知りたいのですから，この T を θ で微分して $\mathrm{d}T/\mathrm{d}\theta$ の式を求め，それがゼロになるような θ の値を求めればいいはずです。そこで，35 ページの微分の公式集から

$$1/\cos\theta = \sec\theta \xrightarrow{\text{微分}} \sec\theta\cdot\tan\theta$$

$$\tan\theta \xrightarrow{\text{微分}} \sec^2\theta$$

$$\text{定数} \xrightarrow{\text{微分}} 0$$

であることを拝借して式 (2.44) を微分すると

$$\begin{aligned}\frac{\mathrm{d}T}{\mathrm{d}\theta} &= \frac{w}{v}\sec\theta\tan\theta - \frac{w}{V}\sec^2\theta \\ &= \sec^2\theta\left(\frac{w}{v}\sin\theta - \frac{w}{V}\right)\end{aligned} \tag{2.45}$$

という形になります。

さて，この式の値がゼロになるのは，どのような場合でしょうか。$\sec^2\theta$ か（　）の中身か，いずれかがゼロになる必要がありますが，$\sec^2\theta$ は絶対にゼロにはなりません。したがって，（　）の中がゼロになる必要があります。つまり

$$\frac{w}{v}\sin\theta - \frac{w}{V} = 0 \tag{2.46}$$

ということです。よって，これを変形した，つぎの式

$$\sin\theta = \frac{w}{V}\frac{v}{w} = \frac{v}{V} \tag{2.47}$$

が成立していなければなりません。この関係を満たすような θ は，35 ページの表 1-2 を参照すれば

$$\theta = \arcsin\frac{v}{V} \tag{2.48}$$

です。ありがとうございました。

$\boldsymbol{\theta = \arcsin\frac{v}{V}}$ のとき，所要時間が最短になる。…（答え）

■

式 (2.48) では，$\theta = \arcsin(v/V)$ という，一見ものものしい式で角度 θ を表現しました。しかし，要するに，この θ は図 2-4 に示されるような矢印の方向を示していることになります。というわけで，この方向へ泳ぎ出すのが，最短時間のコースであることが判明しました。

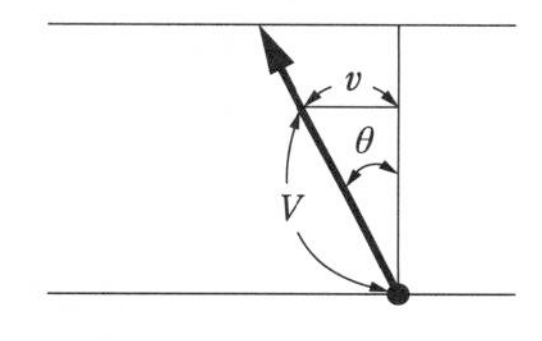

図 2-4　答えは，このとおり

2.6
山頂と谷底を判別する法

最大も最小もごちゃ混ぜ？

前節では，出発点から目的地へ移動するのにかかる時間 T が最小になるように，出発角度 θ を決めてみました。

そのためには，まず T を θ の関数として表し，それを θ で微分した関数，つまり導関数 (2.45) の値（微関数）がゼロになるように，θ の値を決めたのでした。17 ページでくどくどと述べたように，θ がその値のところで T が最大か最小になっているはずだからです。

そのとおりなのですが，ちょっと気になることがあります。「最大か最小」というところです。この 2 つがごちゃ混ぜになっているようでは，最大のところを求めたいのに最小のところが出てしまったり，その逆だったりする危険があります。

実際には，41 ページで箱の容積を最大にしたときも，前節のように所要時間を最小にするときも，現象のイメージが頭に描けましたから，最大と最小を取り違えることはありませんでした。とはいえ，すべての問題が，いつもそうとは限りません。というわけで，この節では，最大や最小などを数学的に判別する方法をご紹介しようと思います。

では，図 2-5 をごらんください。そこには x につれて**連続的に変化する** $f(x)$ の曲線を例示してあります。

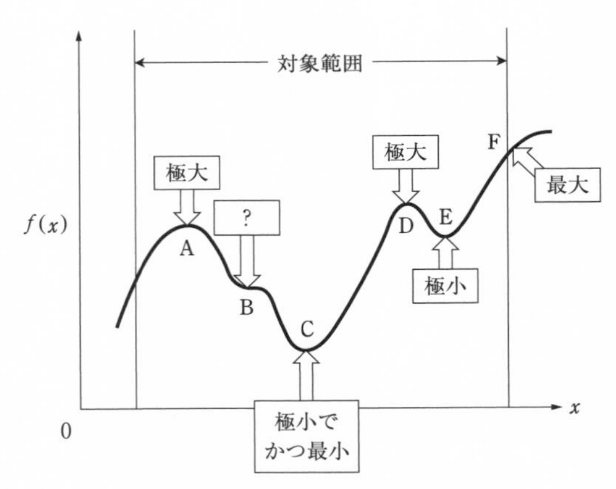

図 2-5　用語を正しく使い分ける

ほんとうは，連続的でなく頂(いただき)が尖(とが)っていたり，谷底が V 字形に落ち込んだりしていても数学的に扱えるのですが，話がややこしくなりすぎます。ここでは，対象とする範囲内では $f(x)$ が連続，つまり微分可能であるとすることに，ご同意ください。

いろいろな用語の総出演

さて，図 2-5 の中にはいろいろな用語が書き込んであります。まず，A 点は山の頂です。このような状態をいままでは最大といってきましたが，これからは**極大**（きょくだい）に改めます。あとで出てくる最大としっかり区別するためです。極大のところでは微係数がゼロになっていることは，いままでなんべんも極大の位置を見つけるために利用してきたとおりです。

つぎは，B 点です。微係数がゼロになっているくせに，ただの変曲点にすぎず，極大でも極小でもありません。おまけに，正式な名前さえついていません。私たちの仲間うちではおどり場などと呼ぶこともありますが，いまいちです。どなたか名付け親になっていただけませんか。

C 点は谷の底です。このような状態をいままでは最小といってきましたが，これからは極大と語呂（ごろ）を合わせて**極小**（きょくしょう）に改めます。そして，極大値と極小値をいっしょにして**極値**（きょくち）と呼んだりもします。

また，対象範囲の中でもっとも小さい値を，あたりまえのことながら，**最小値**（さいしょうち）といいます。したがって，C 点は極小値であると同時に最小値でもあります。

あと，D 点は極大を，E 点は極小を示しているし，F 点は $f(x)$ の対象範囲の中ではもっとも大きいので最大の点であるといい，その値を**最大値**（さいだいち）といいます。これまた，しごくあたりまえの話です。

こういうわけですから，$f(x)$ の曲線が 1 本だけの場合でも，極大や極小はいくつでも存在しうるし，極小値が極大値より大きいことも起こりえます。もちろん，最小値が最大値より大きいことはありえません。

ようやく山と谷が判別できます

つづいて，極大・極小・おどり場を数学的に判別する方法に移りましょう。図 2-6 を見ていただけますか。

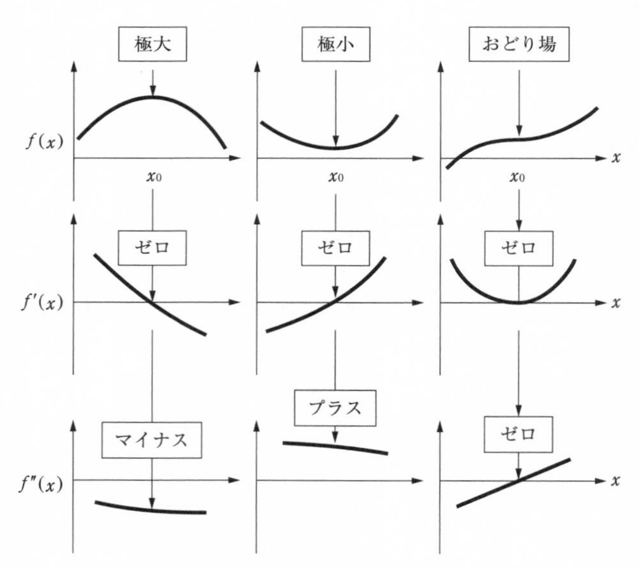

図 2-6　極大・極小の判定法

$f(x)$ の極大の位置，極小の位置，おどり場の位置に共通な特徴は，その位置，たとえば x_0 における $f(x)$ 曲線の傾きがゼロであることです。すなわち，微係数がゼロ

$$f'(x_0) = 0 \tag{2.49}$$

なのです。極大・極小，おどり場によって異なるのは，x_0 の

近傍における $f'(x)$ の状態です。

$f(x_0)$ が極大である場合を考えてみてください。x が x_0 よりわずかに小さいところでは，$f(x)$ は上昇中ですから，図の左側，中央のグラフのように $f'(x)$ はプラスの領域にあり，$x = x_0$ のところでゼロになって，x が x_0 より大きくなればマイナスの領域に入るというように，一方的に右下がりです。

ということは，$f'(x)$ をもういちど x で微分した $f''(x)$ は，$f(x)$ の極大のところでは，マイナスの値になっているはずです。

つぎに，$f(x)$ が極小になる付近についても，同様に考えてみてください。くどい説明は省きますが，$f(x)$ が極小になる $x = x_0$ のところでは，$f'(x_0)$ がゼロになるとともに，$f''(x_0)$ はプラスの値になるはずです。

最後に，$f(x)$ のおどり場の位置では，図 2-6 の右列に描いてあるように，おどり場の前後両方で $f'(x)$ の符号が同じになり，x_0 のところでは $f''(x)$ がゼロになっているのが興味をひきます。

こういう次第で，$f(x)$ が極大や極小になるような x の値を見つけたいときには，まず，

$$f'(x) = 0 \tag{2.50}$$

とおいて，この式が成立するような x の値を求めましょう。ただし，このままでは，その x のところで $f(x)$ が極大なのか極小なのか，あるいは単におどり場になっているだけかの判定が下せませんから，$f'(x)$ をもういちど微分して $f''(x)$ を求め

$$\left.\begin{array}{llll} f''(x_0) < 0 & \text{なら} & f(x_0) & \text{は　極大値} \\ f''(x_0) > 0 & \text{なら} & f(x_0) & \text{は　極小値} \\ f''(x_0) = 0 & \text{なら} & f(x_0) & \text{は　おどり場の値} \end{array}\right\} \quad (2.51)$$

と判定してください。

関数 $f(x)$ に対して，微分をたてつづけに 2 回施した関数 $f''(x)$ のことを，2 階導関数または第 2 次導関数といいます。これについては，つぎの第 3 章で詳しく述べましょう。

2.7 実例で山と谷を見破る

鉄の箱，ふたたび現る

西洋の諺で "Example is better than precept."（実例は説教にまさる）といいますから，実例を見ていただこうと思います。

第 1 章の 41 ページで，1 辺が 1 m の正方形の鉄板の四隅を切り欠き，それを折り曲げて箱を作ったことがありました。そのときは，作り出される箱の容積は，切り欠く寸法 x の関数で表され

$$f(x) = 4x^3 - 4x^2 + x \qquad (1.20)\text{ もどき}$$

でした。そこで，この $f(x)$ を最大にするために，x で微分して

$$f'(x) = 12x^2 - 8x + 1 = 0 \qquad \text{(1.23) もどき}$$

とし，この 2 次式を解いたところ

$$x = \frac{1}{6} \text{および} \frac{1}{2} \qquad \text{(1.25) もどき}$$

が求まったのでした。そして，この 2 つの値の中から，あらかじめ描いてあった式 (1.20) を表す曲線（図 1-12）と照合して，$f(x)$ を最大にする値として，$x = 1/6$ を選んだのでした。

この解法は，一般的にいえば，十分に実用性を備えているといえるでしょう。ただし，手作業で描いたグラフの形を根拠にして判断するのは，手数がかかるばかりか，もっと複雑な問題の場合には誤りを誘う危険があります。

そこで，この問題に，前節で手に入れた極大・極小の判定法を適用してみてください。式 (1.23) もどきを，もういちど x で微分すると

$$f''(x) = 24x - 8$$

です。したがって，x が $1/6$ のところでは

$$f''\left(\frac{1}{6}\right) = \frac{24}{6} - 8 = -4 < 0$$

です。それなら，式 (2.51) の判定法によって，x が $1/6$ のところで $f(x)$ が極大になっていることが明らかではありませんか。

では，そのとき同時に出てきた，もう 1 つの値，$x = 1/2$ は何を意味しているのでしょうか。この値を，極大・極小を判定するための式に入れてみると

$$f''\left(\frac{1}{2}\right) = \frac{24}{2} - 8 = 4 > 0$$

となり，こんどは，式 (2.51) の判定法によって，$x = 1/2$ のところで $f(x)$ が極小になっていることが確認できる，という次第です。

2.8 接線と法線の方程式を求める

とりあえず接線の方程式

話題が変わります。一般的な曲線

$$y = f(x)$$

があるとします。その曲線上の 1 点 P（x 座標が x_0）で接するような接線の方程式を求めてみましょう。図 2-7 を見なが

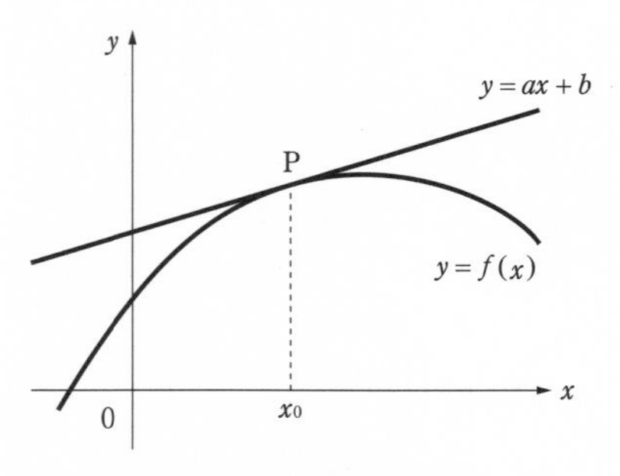

図 2-7　接線の方程式は？

ら，話に付き合ってください。

接線（せっせん）は，文字どおり，もとの曲線に接している直線です。接線とこみで取り扱われる直線として**法線**（ほうせん）がありますが，これは，もとの曲線と直角に交わる直線という意味です。

接線の方程式を，かりに

$$y = ax + b \tag{i}$$

とおいて，a と b とを決めていきます。

まず，この直線が P を通らなければなりません。P 点の座標は

$$x = x_0, \quad y = f(x_0) \tag{ii}$$

ですから，(i) の曲線が (ii) を通るための条件は

$$f(x_0) = ax_0 + b$$

$$\text{ゆえに} \qquad b = f(x_0) - ax_0 \tag{iii}$$

です。つぎに，(i) 式の a は直線の傾きを表していますから，それが P 点における曲線の微係数と等しくなければなりません。つまり

$$a = f'(x_0) \tag{iv}$$

も必要条件です。

ここで，接線のかりの式 (i) に，(iv) と (iii) を代入すると

$$y = f'(x_0)x + f(x_0) - ax_0$$

となりますから，さらに (iv) を使って整理すると

$$y - f(x_0) = f'(x_0)(x - x_0) \tag{2.52}$$

となり，これが，$y = f(x)$ に x_0 の位置で接する接線の一般式です。

おつぎは法線の方程式

ついでですから，図 2-8 の P 点で $y = f(x)$ と直交する直線，すなわち法線の方程式を求めておきましょう。

これは簡単です。P 点における法線とは，P 点で式 (2.52) の接線と直交するような直線です。したがって，P 点を通るというところは，法線も接線と同じです。異なるのは傾きだけです。

その傾きは，図 2-8 を参照するまでもなく，接線のときに $f'(x_0)$ なら，法線の場合には $-1/f'(x_0)$ のはずです。した

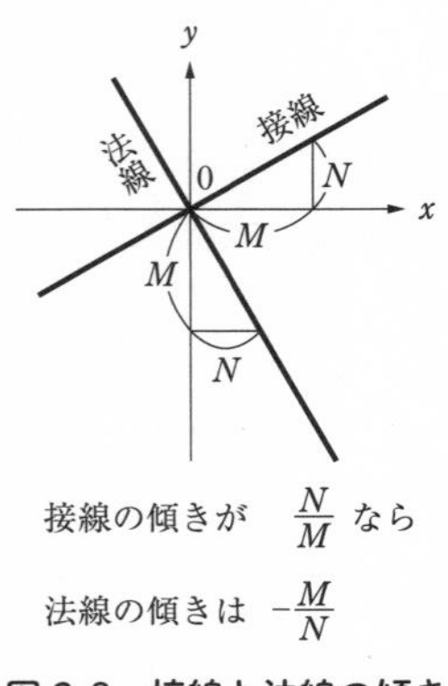

図 2-8　接線と法線の傾き

がって，法線の方程式は，式 (2.52) で表される接線の式の中で $f'(x_0)$ を $-1/f'(x_0)$ に変えた

$$y - f(x_0) = -\frac{1}{f'(x_0)}(x - x_0) \quad \text{ただし，} f'(x_0) \neq 0 \tag{2.53}$$

となります。

例題を 1 つだけ，やってみましょう。

なるほどの実例 2-2

つぎの式

$$y = f(x) = \sqrt{x} \tag{2.54}$$

で表される曲線に，$x = 4$ のところで接線と法線を引いてみます。接線と法線，それぞれの方程式を求めてみましょう。

【　答え　】式 (2.52) を使うために，まず，$f'(x)$ を求めます。52 ページの式 (2.7) を参照すれば

$$f'(x) = \frac{\mathrm{d}}{\mathrm{d}x}f(x) = \frac{\mathrm{d}}{\mathrm{d}x}\sqrt{x} = \frac{1}{2\sqrt{x}} \tag{2.55}$$

です。したがって，式 (2.52) に使われる値は

$$\left.\begin{aligned} x_0 &= 4 \\ f(x_0) &= \sqrt{4} = 2 \\ f'(x_0) &= \frac{1}{2\sqrt{4}} = \frac{1}{4} \end{aligned}\right\} \tag{2.56}$$

ですから，これらの値を接線の式 (2.52) に代入すれば

$$y-2=\frac{1}{4}(x-4) \tag{2.57}$$

となり，これを整理すると

$$y=\frac{1}{4}x+1 \tag{2.58}$$

という，$x=4$ における接線の式ができ上がります。

また，式 (2.56) の値を，法線の一般式 (2.53) に代入すると

$$y-2=-\frac{1}{1/4}(x-4) \tag{2.59}$$

となりますから，これを整形すると

$$y=-4x+18 \tag{2.60}$$

という，$x=4$ における法線の式が完成します。したがいまして，

接線の方程式は， $\boldsymbol{y=\frac{1}{4}x+1}$

…（答え）

法線の方程式は， $\boldsymbol{y=-4x+18}$ ■

微分を利用した計算問題としては以上で終わりですが，ご参考までに，$y=\sqrt{x}$ の曲線と，$x=4$ の位置における接線と法線を図 2-9 に展示しておきましたので，ナットクしていただければと存じます。

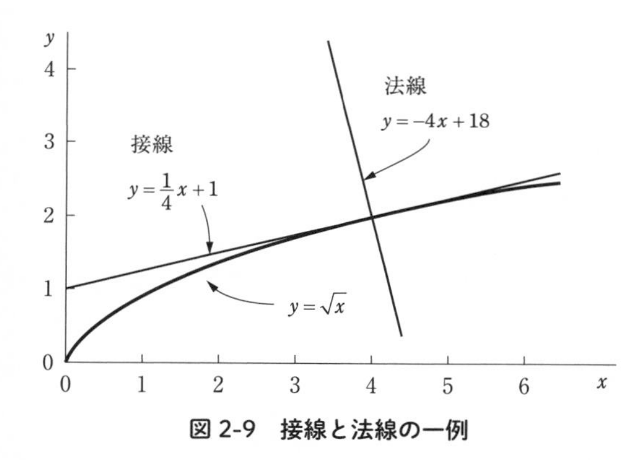

図 2-9　接線と法線の一例

Column 5

平均値の定理

接線の話題に関連して，有名な 2 つの定理をご紹介しておきます。

まず，図 2-10 をごらんください。$y=f(x)$ という関数があり，x が a から b までの区間では，その関数は連続で微分可能であるとします。このとき，

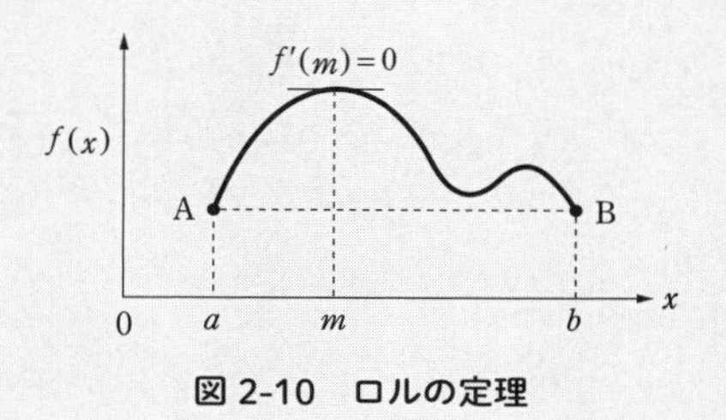

図 2-10　ロルの定理

$$f(a) = f(b) \quad \text{ならば}$$
$$f'(m) = 0 \tag{2.61}$$

となるような m が，少なくとも 1 つは存在する……これを**ロルの定理**といいます。

これは，考えるまでもなく，あたりまえのことです。なにしろ，図の A 点と B 点は同じ高さなのですから，A 点を出発した曲線が B 点に到着するまでの間に，曲線が上昇すれば，どこかで必ず降下しなければならないので，どこかに山頂ができるはずです。

また，曲線が降下すれば，そのぶんだけ，どこかで上昇しなければならず，どこかに谷底ができるはずです。山頂（極大の点）や谷底（極小の点）では微係数が 0 でしたから，山頂や谷底の x 方向の座標を m とすれば，どこかでは，必ず

$$f'(m) = 0$$

が成立しているはずではありませんか。もっとも，例外的に A 点と B 点が直線で結ばれていれば，山頂も谷底も生じませんが，そのときには，この直線上のすべての点で

$$f'(m) = 0$$

ですから，これはもう，百点満点です。

つぎに，図 2-11 を見てください。こんどは，$y = f(x)$ があり，x が a から b までの区間で連続で微分が可能であるとき

$$\frac{f(b) - f(a)}{b - a} = f'(m) \quad (a < m < b) \tag{2.62}$$

となるような m が少なくとも 1 つは存在するということであり，いいかえれば，曲線 $f(x)$ には直線 AB に平行な接線が少なくとも 1 本は引けることを意味します。これが，**平均値の定理**

という有名な定理です。これは，曲線 $f(x)$ の曲線と，直線 AB との差にロルの定理を応用すれば，証明することができます。

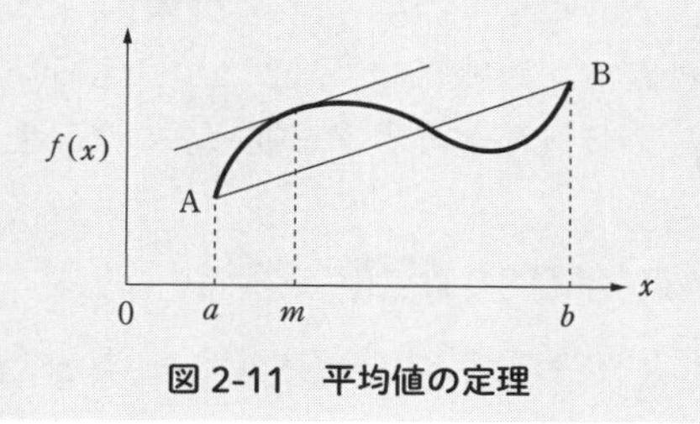

図 2-11　平均値の定理

みなさん，お疲れさまでした

ややこしい話に長らくお付き合いいただき，ありがとうございました。

この章でお話ししてきた，x^n のような代数関数*，$\sin x$ などの三角関数，そして指数関数 e^x と対数関数 $\log x$ などを，ひっくるめて**初等関数**（しょとうかんすう）といいます。いずれも，高校までの教室で教えてもらえる程度のやさしい関数だから，初等だというのです。

こみいった話をこんなに続けたくせに，「初等」だなんて，とんでもない……と思われかねませんが，いずれの関数も，自然界や人間社会の解析には日常的に顔を出す有名どころです。$\cos x$ の導関数は何ぞやと問われたとき，迷うことなく

---

* **代数関数**（だいすうかんすう）とは，n が有理数のときの x^n に，$+$，$-$，$\times$，$\div$，$\sqrt{\ }$ のような代数的な演習を有限回施したものです。多項式をはじめ，分数関数 $1/x$ や無理関数 $\sqrt{x}$ は，代数関数の例です。また，代数関数でない関数は，十把ひとからげに**超越関数**（ちょうえつかんすう）と呼ばれています。$\sin x$ や e^x，あるいは p が無理数のときの x^p などは超越関数の例です。

即座に $-\sin x$ ですと答えられれば，何かとお役に立つことは請け合いですし，なんだか気分も良いではありませんか。

これにて，どうやら，微積分街道に設けられた一里塚の 1 区間くらいは踏破した感じです。ここで，もういちど元気を取り戻して，第 2 区間へと歩みを進めることにしましょう。

＼ちょこっと／練習 2-1 P53 **の答え**

微分公式 $\dfrac{\mathrm{d}}{\mathrm{d}x}(x^n) = nx^{n-1}$ をそのまま使うだけです。

$$\frac{\mathrm{d}}{\mathrm{d}x}(x^5) = 5x^4$$

$$\frac{\mathrm{d}}{\mathrm{d}x}(x^{2.5}) = 2.5x^{1.5} = \frac{5}{2}x^{\frac{3}{2}} = \frac{5}{2}\sqrt{x^3}$$

$$\frac{\mathrm{d}}{\mathrm{d}x}\left(\frac{\sqrt{x}}{\sqrt[3]{x^2}}\right) = \frac{\mathrm{d}}{\mathrm{d}x}(x^{\frac{1}{2}} \cdot x^{-\frac{2}{3}}) = \frac{\mathrm{d}}{\mathrm{d}x}(x^{-\frac{1}{6}}) = -\frac{1}{6}x^{-\frac{7}{6}}$$

$$= -\frac{1}{6}\frac{1}{\sqrt[6]{x^7}}$$

$$\frac{\mathrm{d}}{\mathrm{d}x}(x^{\frac{\pi}{2}}) = \frac{\pi}{2}x^{\frac{\pi}{2}-1}$$ （無理数でも同じ公式が使えます）

第 **3** 章

微分のテクニック 前進編

微分法のあれこれ

ネルソン提督（1758-1805)。イギリスの軍人。1805年トラファルガーの海戦で仏西連合艦隊を破り，自らも戦死してしまいました。

3.1 関数を各個撃破する和と差の微分

勝利をつかむ微分戦法

昔から，「戦いに勝つ要訣は，敵にまさる兵力を一点に集中すること」といわれています。

イギリスのネルソン提督が，優勢なフランスとスペインの連合艦隊を破ったときには，敵の艦隊を中央から分断したうえで，弱体化した片方ずつを撃破したように，です。

そこで，さっそく問題です。

$$y = 2x^3 + e^x - \cos x \tag{3.1}$$

を微分してください。

この右辺をひとかたまりにして y のグラフを描き，その曲線の導関数を求めようなどと，生意気なことを考える必要はありません。ネルソン提督のように，分断して各個に撃破すればいいのです。すなわち，35 ページの表 1-1 を参照すれば

$$\begin{aligned}\frac{\mathrm{d}y}{\mathrm{d}x} &= \frac{\mathrm{d}}{\mathrm{d}x}(2x^3) + \frac{\mathrm{d}}{\mathrm{d}x}e^x - \frac{\mathrm{d}}{\mathrm{d}x}\cos x \\ &= 6x^2 + e^x + \sin x \end{aligned}\tag{3.2}$$

というぐあいで，おやすいご用ではありませんか。

このように，足し算や引き算で結合された関数を微分するには，**それぞれの関数を各個に微分して，それから元のとお**

りに結合すれば，こと足りるという次第です。

各個撃破ができるわけ

「それぞれの関数を各個に微分して，それからもとのとおりに結合する」というような戦法が正しく通用する理由は，図 3-1 を見ると一目瞭然(いちもくりょうぜん)です。

いちばん上は，式 (3.1) の右辺第 1 項（$y_1 = 2x^3$）のグラフのつもりです。これを x で微分するということは，任意の x のところに目にも見えないほど小さな $\mathrm{d}x$ の区間を考え，その区間の間に変化する目にも見えないほど小さな $\mathrm{d}y_1$ との比，$\mathrm{d}y_1/\mathrm{d}x$ を x の関数として表すことでした。

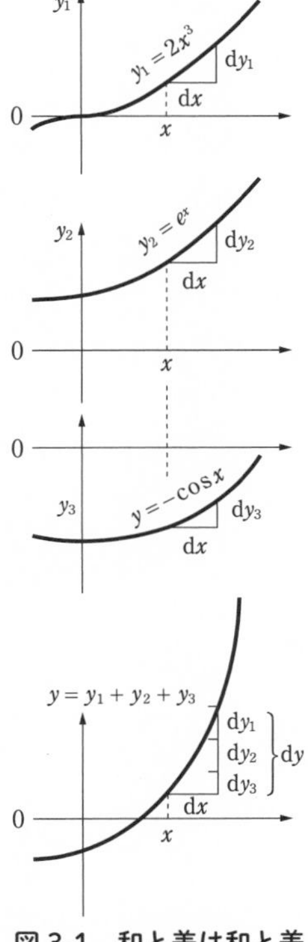

図 3-1　和と差は和と差のまま

もちろん，目にも見えないほど小さいものは図に描けませんから，図では，ルール違反を承知で，視認できる大きさで描いてありますが……。

上から 2 番目は，式 (3.1) の右辺第 2 項（$y_2 = e^x$）のグラフで，上のグラフと同じ位置に堂々と，目には見えないはずの $\mathrm{d}x$ の区間と，その区間における関数の値の上昇分 $\mathrm{d}y_2$ が図示されています。

上から 3 番目は，式 (3.1) の右辺第 3 項（$y_3 = -\cos x$）のグラフで，上の 2 つと同じ（横軸上の）位置に $\mathrm{d}x$ の区間をとり，その区間での関数の上昇分 $\mathrm{d}y_3$ を描いてあります。

そして，以上の 3 つの図を合計したもの，すなわち，式 (3.1) のグラフが，いちばん下のグラフです。このグラフは，上の 3 つのグラフの値を，ただ，平凡に合計したものにすぎません。それなら，$\mathrm{d}x$ の区間に生じる y の変化も，$\mathrm{d}y_1$ と $\mathrm{d}y_2$ と $\mathrm{d}y_3$ とを平凡に合計したものにすぎないではありませんか。

こうして，いくつかの関数の和または差の微分は，それぞれの関数を微分したものの和または差で表されることが，この目で確認できました。

いまの例では，図を見やすくするために $\mathrm{d}y_1$ も $\mathrm{d}y_2$ も $\mathrm{d}y_3$ も正の値にしてありますが，そのうちのいくつかが負の値であっても，同じように説明できることにも，同意していただけるものと存じます。

この**和と差の微分公式**を，数学の本らしく一般的に書くと

$$\boxed{\frac{\mathrm{d}}{\mathrm{d}x}\{f(x) \pm g(x)\} = \frac{\mathrm{d}}{\mathrm{d}x}f(x) \pm \frac{\mathrm{d}}{\mathrm{d}x}g(x)} \qquad (3.3)$$

という重々しい形になってしまいます。もっと軽快な形の式をお望みなら，たとえば，x の関数を単に u とか v とかで表し，さらに

$$\frac{\mathrm{d}}{\mathrm{d}x}u = u' \quad \frac{\mathrm{d}}{\mathrm{d}x}v = v' \qquad (3.4)$$

と略記することにして

$$\boxed{(u \pm v)' = u' \pm v'} \tag{3.5}$$

と表現する手もあります。

微分を含んだ長い式を展開するときには，式 (3.5) の表記法はたいへん便利なのですが，u や v が「なにか（たとえば変数 x とか）」の関数であることと，その「なにか」そのものが明らかであることが，この表記法を使用するときの絶対条件です。ひとりよがりにならないよう，注意しましょう。

＼ちょこっと／練習 3-1

関数の和や差の微分は，各項ごとに微分すればいいのですから，やさしすぎて練習問題の作りようもありません。せめて，つぎの関数を x で微分していただきましょうか。答えは 127 ページにあります。

$$y = (x+1)^4 \tag{3.6}$$

[ヒントはこちら→]　この関数を微分するには，おしゃれな方法があるのですが，それは 108 ページから見ていただくことにして，ここでは，右辺を真正直（ましょうじき）に展開して，各項ごとに各個撃破してください。

3.2
からみ合う関数には積の微分公式

ネルソン提督も白旗か？

関数の和や差を微分するには，各項ごとに微分をすればいいので簡単でした。ところが，関数の積を微分する場合は，そうは問屋がおろしません。2 つの項の和や差では，2 つの部分が単に寄りそっているにすぎないのに，積では 2 つの部分が隈々までからみ合っていますから，別々に取り扱うことができず，ネルソン提督もお手上げなのです。

そのために，2 つの関数 $f(x)$ と $g(x)$ の積を微分するには

$$\boxed{\frac{\mathrm{d}}{\mathrm{d}x}\{f(x)g(x)\} = f'(x)g(x) + f(x)g'(x)} \tag{3.7}$$

という**積の微分公式**を利用せざるを得ません。多くの参考書にはこの形の公式が載っていますが，式 (3.4) の略記法を利用して

$$\boxed{(uv)' = u'v + uv'} \tag{3.8}$$

とするほうが，ずっと覚えやすそうです。

さらに，掛け合わされている関数の数が 3 つになっても，同じように

$$\boxed{(uvw)' = u'vw + uv'w + uvw'} \tag{3.9}$$

が成立しますし，関数の数が 4 つ以上になっても，同じ規則性が保たれるので，嬉しくなってしまいます。

勢いに乗って，実例を 2 つばかり挙げてみましょう。まず

$$y = x^3 \cos x \tag{3.10}$$

を x で微分してみます。そのために

$$\begin{array}{lll} x^3 \text{を } u & \text{したがって} & u' = 3x^2 \\ \cos x \text{ を } v & \text{したがって} & v' = -\sin x \end{array}$$

とみなして，式 (3.8) を適用してください。

$$\begin{aligned} (x^3 \cos x)' &= 3x^2 \cdot \cos x + x^3 \cdot (-\sin x) \\ &= x^2(3\cos x - x \sin x) \end{aligned} \tag{3.11}$$

というぐあいです。あっという間ですね。

つぎの実例は，みなさんも頭の体操をしてみていただけませんか。

なるほどの実例 3-1

掛け合わされている関数の数が 3 つになっても，積の微分公式 (3.9) が成り立つのでした。そこで，

$$y = x^2 \cdot e^x \cdot \cos x \tag{3.12}$$

という，めったにお目にかかれない奇妙な関数を x で微分してみましょう。

【　答え　】ここでも

$$
\begin{array}{lll}
x^2 \text{を } u & \text{したがって} & u' = 2x \\
e^x \text{を } v & \text{したがって} & v' = e^x \\
\cos x \text{ を } w & \text{したがって} & w' = -\sin x
\end{array}
$$

とおいて，これらを式 (3.9) に代入してください。

$$
\begin{aligned}
&(x^2 \cdot e^x \cdot \cos x)' \\
&\quad = 2x \cdot e^x \cdot \cos x + x^2 \cdot e^x \cdot \cos x + x^2 \cdot e^x \cdot (-\sin x) \\
&\quad = x \cdot e^x (2\cos x + x\cos x - x\sin x) \quad \cdots \textbf{（答え）}
\end{aligned}
$$

という調子です。 ∎

式 (3.10) や式 (3.12) みたいな関数の積も，式 (3.8) などの公式を利用すれば，意外にたやすく微分できることがわかって，なんだか嬉しくなってしまいました。

積の微分公式のできるまで

ところで，式 (3.8) などの関数の積の微分公式は，なぜ成立するのでしょうか。その理由を，ご説明させていただきましょう。ごみごみした数式が続いて恐縮ですが，単純作業の連続で，むずかしくはありませんから，目で追っていただければ，と存じます。

和の微分公式の成立理由を見ていただいた図 3-1（89 ページ）のように，目で確認できる形に描いて説明をしてみようと努力したのですが，私の能力不足で，うまくいきませんでした。以下では，やむを得ず，ふつうの数学で式 (3.7) を導き出しておこうと思います。

それでは

$$y = f(x)g(x) \tag{3.13}$$

を微分すると，どのような形に変わるかを調べていきましょう。$f(x)$ を x で微分するということは

$$\frac{\mathrm{d}}{\mathrm{d}x}f(x) = \lim_{\Delta x \to 0} \frac{f(x+\Delta x) - f(x)}{\Delta x} \qquad \text{(1.17) と同じ}$$

の極限値を求めることでしたから

$$y = f(x)g(x) \qquad \text{(3.13) と同じ}$$

を x で微分するには

$$\frac{\mathrm{d}y}{\mathrm{d}x} = \lim_{\Delta x \to 0} \frac{f(x+\Delta x)g(x+\Delta x) - f(x)g(x)}{\Delta x} \tag{3.14}$$

を計算すればいいはずです。

この計算をするに当たっては，ちょいと細工を施します。右辺の分子から，いったん $f(x)g(x+\Delta x)$ を引いて，その直後に $f(x)g(x+\Delta x)$ を加えてやるのです。ある値を引いてから，すぐに同じ値を加えてしまっては，なんにもならないように思われますが，それが立派な働きをするのですから，まるで「坊さんのロバ」のような，妙味あふれる話です。

「坊さんのロバ」……昔々，ある男が世を去り，3 人の息子が残された。男の遺産はロバ 17 匹。長男は 1/2，次男は 1/3，三男は 1/9 を受け取るようにとの遺言であった。17 は，2 でも，3 でも，9 でも割り切れないので困っているところへ，1 匹のロバを連れた坊さんが通りかかり，息子たちの話を聞いた。坊さんは遺産のロバに自分のロバを加えて 18 匹とし，長男には 1/2 の 9

匹，次男には 1/3 の 6 匹，三男には 1/9 の 2 匹を与え，残った 1 匹を連れて立ち去った……というお話です。

では，式 (3.14) の計算をしこしこと実行しましょう。

$$
\begin{aligned}
&= \lim_{\Delta x \to 0} \frac{f(x+\Delta x)g(x+\Delta x) - f(x)g(x+\Delta x) + f(x)g(x+\Delta x) - f(x)g(x)}{\Delta x} \\
&= \lim_{\Delta x \to 0} \frac{g(x+\Delta x)\{f(x+\Delta x) - f(x)\} + f(x)\{g(x+\Delta x) - g(x)\}}{\Delta x} \\
&= \lim_{\Delta x \to 0} \left\{ \frac{f(x+\Delta x) - f(x)}{\Delta x} g(x+\Delta x) + f(x) \frac{g(x+\Delta x) - g(x)}{\Delta x} \right\} \\
&= \lim_{\Delta x \to 0} \left\{ \frac{f(x+\Delta x) - f(x)}{\Delta x} g(x+\Delta x) \right\} \\
&\quad + \lim_{\Delta x \to 0} \left\{ f(x) \frac{g(x+\Delta x) - g(x)}{\Delta x} \right\} \\
&= \lim_{\Delta x \to 0} \frac{f(x+\Delta x) - f(x)}{\Delta x} \cdot \lim_{\Delta x \to 0} g(x+\Delta x) \\
&\quad + \lim_{\Delta x \to 0} f(x) \cdot \lim_{\Delta x \to 0} \frac{g(x+\Delta x) - g(x)}{\Delta x} \qquad (3.15)^*
\end{aligned}
$$

ここで，ひと息いれて，グループごとの意味を考えてみてください。

$$
\lim_{\Delta x \to 0} \frac{f(x+\Delta x) - f(x)}{\Delta x} = f'(x) \qquad (3.16)
$$

$$
\lim_{\Delta x \to 0} g(x+\Delta x) = g(x) \qquad (3.17)
$$

---

* 式 (3.15) の運算では，「和の極限は極限の和」，「積の極限は極限の積」という性質を，証明なしに使わせていただきました。

$$\lim_{\Delta x \to 0} f(x) = f(x) \tag{3.18}$$

$$\lim_{\Delta x \to 0} \frac{g(x+\Delta x) - g(x)}{\Delta x} = g'(x) \tag{3.19}$$

ですから，式 (3.15) は

$$= f'(x)g(x) + f(x)g'(x) \tag{3.20}$$

であることがわかります。

こうして，式 (3.7) の公式

$$\frac{\mathrm{d}}{\mathrm{d}x}\{f(x)g(x)\} = f'(x)g(x) + f(x)g'(x) \qquad \text{(3.7) と同じ}$$

が，でき上がっていたというわけです。お疲れさまでした。

Column 6

しぶとく生き残る定数

私たちは，前の第 1 章の 42 ページで，kx^n を x で微分して

$$\frac{\mathrm{d}}{\mathrm{d}x}kx^n = knx^{n-1} \qquad \text{(1.22) と同じ}$$

と書き，かっこよく演算したことがありました。そのときに，x^n に掛け合わされている定数の k は，微分したあともしぶとく生き残るだけだから，気にする必要はない……と書いてしまいました。

しかしながら，緻密(ちみつ)で冷静に事を運ばなければならない数学にとって，あれはふさわしくない言い回しだったと反省しています。お詫びのしるしに，定数 k が掛け合わされている関数 $f(x)$ を x で微分し，その過程で定数 k がどのような役柄を演じるのかを見ていただきましょう。

u を x の関数，k も x の関数とみなして

$$y = ku \tag{3.21}$$

を x で微分します。そうすると，積の微分公式 (3.8) によって

$$\begin{aligned} y' &= (ku)' \\ &= k'u + ku' \end{aligned} \tag{3.22}$$

です。ところが，この中の k' は，定数を x で微分したものですからゼロになります。したがって，右辺の第 1 項が消滅し

$$y' = ku' \tag{3.23}$$

だけが残ります。この結果を微分する前の式 (3.21) と見比べると，確かに定数 k は，微分したあともしぶとく生き残っていると見えてしまうわけです。

3.3 商の微分はややこしい？

割り算は至難の業（わざ）？

小学校の算術というものに，当時の私は欺瞞（ぎまん）を感じていた。たとえば，1 個 5 円のミカンを 6 個買いました。いくらでしょう。答は，5 かける 6 で 30 円。

それじゃ，1 個の 1 はどうしちゃったんだ？ と私は悩んだ。問のときには存在していたのに，答のときにはなくなってしまうのは，おかしいではないか。適当に都合の良い 5 と

か 6 とかの数字だけを選んで使って，何だか用のなさそうな 1 は捨てていいのか。

これは，ある日の新聞に載っていた随筆の一部です*。

掛け算をやっと習いはじめた小学生から，もし，このような疑問をぶつけられたら，なんと答えたらいいでしょうか。私たちは，すでに，割り算とか単位とかの概念を習得ずみですから

$$\frac{5\,\text{円}}{1\,\text{個}} = \frac{30\,\text{円}}{6\,\text{個}}$$

という関係が理解できるのですが，割り算を知らない小学生にこの関係をうまく説明するのは至難の業です。

このように，割り算は，加・減・乗よりいちだんと奥深い概念といえるでしょう。こういうわけですから，関数どうしの商（割り算）の微分は，和・差・積のときより，いちだんとややこしくなります。

そこで，さっそく

$$y = \frac{f(x)}{g(x)} \tag{3.24}$$

を微分したらどうなるかを確かめていこうと思います。ややこしいけれど，むずかしくはありませんから，お付き合いください。積の微分などのときと同様に，微分の基本にさかのぼって作業を始めます。

＊ 2002 年 7 月 14 日，読売新聞の日曜版から，堀越千秋氏（画家）の随筆の一部を引用させていただきました。

$$\frac{\mathrm{d}y}{\mathrm{d}x} = \lim_{\Delta x \to 0} \frac{\dfrac{f(x+\Delta x)}{g(x+\Delta x)} - \dfrac{f(x)}{g(x)}}{\Delta x}$$

$$= \lim_{\Delta x \to 0} \left\{ \frac{1}{\Delta x} \frac{f(x+\Delta x)g(x) - f(x)g(x+\Delta x)}{g(x+\Delta x)g(x)} \right\}$$

ここで，また「坊さんのロバ」のお世話になります。右辺の分子から $f(x)g(x)$ を引き，すぐに $f(x)g(x)$ を加えてみてください。

$$= \lim_{\Delta x \to 0} \left\{ \frac{1}{\Delta x} \frac{f(x+\Delta x)g(x) - f(x)g(x) - f(x)g(x+\Delta x) + f(x)g(x)}{g(x+\Delta x)g(x)} \right\}$$

$$= \lim_{\Delta x \to 0} \frac{\dfrac{f(x+\Delta x) - f(x)}{\Delta x} g(x) - f(x) \dfrac{g(x+\Delta x) - g(x)}{\Delta x}}{g(x+\Delta x)g(x)}$$

これまでにも，「和や差の極限は，極限の和や差」や「積の極限は，極限の積」という性質を使ってきましたが，ここでは「商の極限は極限の商」という性質を利用します。そうすると

$$= \frac{\displaystyle\lim_{\Delta x \to 0} \left\{ \frac{f(x+\Delta x) - f(x)}{\Delta x} g(x) \right\} - \lim_{\Delta x \to 0} \left\{ f(x) \frac{g(x+\Delta x) - g(x)}{\Delta x} \right\}}{\displaystyle\lim_{\Delta x \to 0} g(x+\Delta x)g(x)} \tag{3.25}$$

と整形されます。そこで，式の中の 3 つのグループごとに極限の値を見きわめると

$$\lim_{\Delta x \to 0} \left\{ \frac{f(x+\Delta x) - f(x)}{\Delta x} g(x) \right\} = f'(x)g(x)$$

$$\lim_{\Delta x \to 0} \left\{ f(x) \frac{g(x+\Delta x) - g(x)}{\Delta x} \right\} = f(x)g'(x)$$

$$\lim_{\Delta x \to 0} g(x+\Delta x)g(x) = \{g(x)\}^2$$

となります。したがって，前ページからつづいている式 (3.25) は

$$= \frac{f'(x)g(x) - f(x)g'(x)}{\{g(x)\}^2} \qquad (3.25)\text{ のつづき}$$

となって完結します。

こうして，関数どうしの**商の微分公式**は

$$\boxed{\frac{\mathrm{d}}{\mathrm{d}x}\frac{f(x)}{g(x)} = \frac{f'(x)g(x) - f(x)g'(x)}{\{g(x)\}^2}} \qquad (3.26)$$

という形になることがわかりました。

商の微分公式 (3.26) で，$f(x)$ を u，$g(x)$ を v と略記すれば

$$\boxed{\left(\frac{u}{v}\right)' = \frac{u'v - uv'}{v^2}} \qquad (3.27)$$

と表すことができ，まいどのことながら，このほうが見やすいし，覚えやすいようです。

この公式を応用した問題を，1 つ，やってみようと思います。第 2 章を思い出しながら，つぎの枠内をお読みください。

なるほどの実例 3-2

前の第 2 章の 54–56 ページで，$\sin x$ を x で微分する手順を示し，$\cos x$ についても同様な手順で微分できると書きましたが，そこでは，「$\tan x$ については事情があって，第 3 章でご紹介する予定」と，書きっ放しになってい

ました。実は，いま，その事情が克服できましたので，

$$\frac{\mathrm{d}}{\mathrm{d}x}\tan x$$

を求めてみていただけませんか。

【　答え　】$\tan x$ を微分するには

$$\tan x = \frac{\sin x}{\cos x} \tag{3.28}$$

の関係を利用するのが，もっとも近道です。やってみましょう。

商の微分公式 (3.26) を利用するために

$$f(x) = \sin x \quad \text{とすると}\ f'(x) = \cos x$$

$$g(x) = \cos x \quad \text{とすると}\ g'(x) = -\sin x$$

ですから，これらを式 (3.26) に代入してみてください。たちまち

$$\begin{aligned}\frac{\mathrm{d}}{\mathrm{d}x}\tan x &= \frac{\mathrm{d}}{\mathrm{d}x}\frac{\sin x}{\cos x}\\ &= \frac{\cos x\cos x + \sin x\sin x}{\cos^2 x} = \frac{\cos^2 x + \sin^2 x}{\cos^2 x}\\ &= \frac{1}{\cos^2 x} = \sec^2 x \quad \cdots\ \text{（答え）}\end{aligned} \tag{3.29}$$

となり，35 ページの公式集と一致する答えに到着しました。

■

前の第 2 章では，微分するのをあきらめざるを得なかった関数が 2 つありました。うちの 1 つが上の $\tan x$ なのですが，もう 1

つは指数関数 a^x です。指数関数 a^x の微分についても，本章で後ほどご説明しましょう。

簡単で役に立つ公式をどうぞ

関数どうしの商の中で，もっとも簡単で，しかしながら，もっともよく使われる形は，分子が 1 になった

$$\frac{1}{g(x)}$$

です。この関数を微分した形は式 (3.26) で

$$f(x) = 1 \quad f'(x) = 0$$

とおけば求められ

$$\boxed{\frac{\mathrm{d}}{\mathrm{d}x}\frac{1}{g(x)} = -\frac{g'(x)}{\{g(x)\}^2}} \tag{3.30}$$

となり，これも，よく使われる公式です。同じように

$$\boxed{\left(\frac{1}{v}\right)' = -\frac{v'}{v^2}} \tag{3.31}$$

も，ぜひ覚えておきましょう。右辺のマイナス符号も，お忘れなく……。

3.4 合成関数の微分はドミノ倒しだ

因果が巡る現実世界

この節で話題となる合成関数というのは，これまでの単なる足し算や掛け算とは違い，なかなかなじみにくい概念かもしれません。解説のために，実例をひとつ，挙げてみましょうか。

自動車のアクセル・ペダルを踏み込むと，車は加速されます。しかし，あたりまえですが，アクセルを踏んだ人間の右足の力によって車の速度が増すわけではありません。ペダルを踏み込む → ガソリンの流量が増える → エンジンの出力が増す → 車が加速される，というように因果が巡(めぐ)って，ペダルの踏み込みと車の速度が結ばれているわけです。したがって

ペダルの踏み込み量	を	r
ガソリンの流量	を	q
エンジンの出力	を	p
車の速度	を	v

としてみると，これらは

$$\left.\begin{aligned} q &= f(r) \\ p &= g(q) \\ v &= h(p) \end{aligned}\right\} \tag{3.32}$$

という因果関係によって結ばれていると考えられます。このような因果関係は，自然界や私たちの人生，実社会においても，いくらでも見当たることに同意していただけることと思います。

さて，このような因果関係があるとき，なん段階か離れた変数どうしの変化の関係を知りたいことも少なくありません。いまの例でいうなら，ペダルの踏み込み量 r を変えるにつれて，車の速度 v がどう変わるかを知りたいようにです。

そのときには，v を r で微分してみればいいはずですが，**途中で仲介している q と p をさしおいて，v を r で微分する**には，どうすればいいでしょうか。

変数が 4 つもあると，いたずらに紙面を費してしまうので，もっとも単純な例として，y と x が t を仲介して

$$\left.\begin{aligned} y &= f(t) \\ t &= g(x) \end{aligned}\right\} \tag{3.33}$$

の関係が結ばれている場合――こういうとき，y は f と g との**合成関数**であるといいます――について考えていきましょう。

たいていの教科書では「f と g との合成関数を $y = f(g(x))$ と表す」というふうに書かれていますが，これは式 (3.33) とまったく同じ内容です。$f(t)$ の中身の t に，$t = g(x)$ を代入しているわけです。

まず，x を Δx だけ増やすと，t は Δt だけ増加し，t が Δt だけ増えると，y は Δy だけ増えると考えましょう。そうすると，Δy と Δx との比は

$$\frac{\Delta y}{\Delta x} = \frac{\Delta y}{\Delta t} \cdot \frac{\Delta t}{\Delta x} \tag{3.34}$$

で表されるはずです。

つづいて，この式で，$\Delta x \to 0$ の極限を考えるとともに，「積の極限は，極限の積」を適用すると

$$\begin{aligned} \lim_{\Delta x \to 0} \frac{\Delta y}{\Delta x} &= \lim_{\Delta x \to 0} \left(\frac{\Delta y}{\Delta t} \cdot \frac{\Delta t}{\Delta x} \right) \\ &= \lim_{\Delta x \to 0} \frac{\Delta y}{\Delta t} \cdot \lim_{\Delta x \to 0} \frac{\Delta t}{\Delta x} \end{aligned} \tag{3.35}$$

これらの式の中で $\Delta x \to 0$ ということは，同時に $\Delta t \to 0$ であることを意味しますから，右辺第 1 項の $\Delta x \to 0$ を，$\Delta t \to 0$ に書き直すと式 (3.35) は

$$\lim_{\Delta x \to 0} \frac{\Delta y}{\Delta x} = \lim_{\Delta t \to 0} \frac{\Delta y}{\Delta t} \cdot \lim_{\Delta x \to 0} \frac{\Delta t}{\Delta x} \tag{3.36}$$

となります。この式を見てください。左辺は $\mathrm{d}y/\mathrm{d}x$ そのものですし，右辺の第 1 項は $\mathrm{d}y/\mathrm{d}t$，第 2 項は $\mathrm{d}t/\mathrm{d}x$ を表していることは明らかですから

$$\boxed{\frac{\mathrm{d}y}{\mathrm{d}x} = \frac{\mathrm{d}y}{\mathrm{d}t} \cdot \frac{\mathrm{d}t}{\mathrm{d}x}} \tag{3.37}$$

となります。式 (3.37) は，**合成関数の微分公式**と呼ばれています。

この関係は，x と y とを仲介する変数の個数がいくら増えても，同じ形で示すことができます。たとえば，104 ページの式 (3.32) のような関係によって r と v が結ばれているなら

$$\frac{\mathrm{d}v}{\mathrm{d}r} = \frac{\mathrm{d}v}{\mathrm{d}p} \cdot \frac{\mathrm{d}p}{\mathrm{d}q} \cdot \frac{\mathrm{d}q}{\mathrm{d}r} \tag{3.38}$$

というぐあいです。1 つずつ崩していくところが，ドミノ倒しのようですね。

ドミノ倒しの威力を見てください

いきなり例題です。

$$y = (x^3 + 2x^2 + 3x + 4)^{100} \tag{3.39}$$

を x で微分してください。

まさかと思いますが，(　)^{100} を展開して x^{300} 以下 301 項にも及ぶ長い式を作り，ひとつひとつを x で微分しようなどとなさる方は，おられないでしょう。正気の方なら，つぎのように解いてくださいね。まず

$$x^3 + 2x^2 + 3x + 4 = t \tag{3.40}$$

とおきます。そうすると

$$y = t^{100} \tag{3.41}$$

ですから

$$\frac{\mathrm{d}y}{\mathrm{d}t} = 100t^{99} \tag{3.42}$$

です。いっぽう，式 (3.40) を x で微分すると

$$\frac{\mathrm{d}t}{\mathrm{d}x} = 3x^2 + 4x + 3 \tag{3.43}$$

なので

$$\begin{aligned}\frac{\mathrm{d}y}{\mathrm{d}x} &= \frac{\mathrm{d}y}{\mathrm{d}t} \cdot \frac{\mathrm{d}t}{\mathrm{d}x} \\ &= 100t^{99}(3x^2 + 4x + 3)\end{aligned}$$

$$= 100(x^3 + 2x^2 + 3x + 4)^{99}(3x^2 + 4x + 3) \quad (3.44)$$

という次第です。

この調子に乗って，もう 1 つの例題に付き合ってください。

＼ちょこっと／練習 3-2

こんどは

$$y = \sqrt[3]{ax^2 + bx}$$

を x で微分していただきたいのです。答えは 127 ページにあります。

[ヒントはこちら→]　このような形の式も，ドミノ倒しにとっては格好の獲物です。なにはともあれ

$$ax^2 + bx = t$$

とおきましょう。

ところで，私たちは 91 ページで

$$y = (x + 1)^4 \qquad (3.6) と同じ$$

という関数を x で微分したことがありました。そこでは，右辺を泥くさく展開して 5 つもの項を並べて各個撃破したのでしたが，そのときに，もっとおしゃれな方法をあとで見ていただくと予告したのでした。その方法を，いま，見ていただきましょう。では

$$x + 1 = t \tag{3.45}$$

とおいてください。そうすると

$$y = t^4 \tag{3.46}$$

ですから

$$\begin{aligned}\frac{\mathrm{d}y}{\mathrm{d}x} &= \frac{\mathrm{d}y}{\mathrm{d}t} \cdot \frac{\mathrm{d}t}{\mathrm{d}x} = 4t^3 \cdot 1 \\ &= 4(x+1)^3 = 4(x^3 + 3x^2 + 3x + 1)\end{aligned} \tag{3.47}$$

となり，127 ページの答えとも合っていますし，この解き方のほうが，しゃれているではありませんか。

Column 7

合成関数のご利益

突然ですが，

$$y = \sin x$$

を微分すれば，結果は公式のとおり，$(\sin x)' = \cos x$ です。では，

$$y = \sin 2x \tag{3.48}$$

を微分したいときには，どうすればよいのでしょうか。

ひとつの手としては，2 倍角の公式（326 ページ，三角関数の公式を参照）を使って $\sin 2x = 2 \sin x \cos x$ と書き直し，この右辺を 2 と $\sin x$ と $\cos x$ との積と考えることができます。すると，

$$y' = (\sin 2x)' = (2 \sin x \cos x)' = 2(\sin x \cos x)'$$

$$
\begin{aligned}
&= 2\{(\sin x)' \cdot \cos x + \sin x \cdot (\cos x)'\} \text{（積の微分公式）} \\
&= 2\{\cos x \cdot \cos x + \sin x \cdot (-\sin x)\} \\
&= 2(\cos^2 x - \sin^2 x) = 2\cos 2x \text{（2 倍角の公式）}
\end{aligned}
$$

と，積の微分公式やら cos の 2 倍角の公式を使って，なんとか $\sin 2x$ の導関数を求めることができます。しかしながら，これはかなりめんどうな計算です。それに，このような 2 倍角の公式に頼っていては，たとえば $\sin 10x$ や $\sin \sqrt{2}x$ を微分する必要に迫られたとき，手も足も出そうにありません。

そこで，合成関数の考え方を用いてみます。$y = \sin 2x$ を x で微分したいときには，まずは

$$2x = t \tag{3.49}$$

と，新たな変数 t をおいてみるのです。すると，y は $y = \sin t$ と書かれます。

あとは，y を t で微分したもの，t を x で微分したものをそれぞれ求めます。

$$\frac{\mathrm{d}y}{\mathrm{d}t} = \cos t, \quad \frac{\mathrm{d}t}{\mathrm{d}x} = 2$$

これから，けっきょく $y = \sin 2x$ を x で微分したものは

$$\frac{\mathrm{d}y}{\mathrm{d}x} = \frac{\mathrm{d}y}{\mathrm{d}t}\frac{\mathrm{d}t}{\mathrm{d}x} = \cos t \cdot 2 = 2\cos 2x \tag{3.50}$$

というドミノ倒しで求められる，という寸法です……。どうでしょう，積の微分公式やら 2 倍角の公式を使ったはじめの手法よりも単純で，もっと高級な $\sin 10x$ や $\sin \sqrt{2}x$ の微分にも，簡単に応用できそうではありませんか。

3.5 指数関数の微分に挑戦

前の章へのリベンジ

ここで，前の章での借りを返しておこうと思います。私たちは，前の第 2 章で，指数関数 a^x と対数関数 $\log x$ の微分に挑戦しながら，対数関数の微分には成功したものの，指数関数の微分のほうには歯が立たず

$$\frac{\mathrm{d}}{\mathrm{d}x}a^x = a^x \log a \qquad \text{(2.41) と同じ}$$

という結論だけを紹介しっ放しになっていました。ここで，この式を証明して，借りを返しておこうと思うのです。

まず，a^x を x で微分するために

$$y = a^x \tag{3.51}$$

とおき，両辺の対数をとりましょう。そうすると

$$\log y = x \log a \tag{3.52}$$

となります。

ここで，両辺を x で微分してみるのです。右辺の微分は，$\log a$ が定数ですからへでもありませんが，左辺の $\log y$ を x で微分するには，どうすればいいでしょうか。

ここで役に立つのが，合成関数の微分公式 (3.37) の，ドミノ倒しふうの知恵です。だまされたと思って付き合ってくだ

さい。では

$$z = \log y \tag{3.53}$$

とおいてみましょう。そうすると

$$\frac{\mathrm{d}z}{\mathrm{d}y} = \frac{1}{y} \qquad \text{(2.40) もどき}$$

でしたから

$$\frac{\mathrm{d}z}{\mathrm{d}x} = \frac{\mathrm{d}z}{\mathrm{d}y}\frac{\mathrm{d}y}{\mathrm{d}x} = \frac{1}{y}\frac{\mathrm{d}y}{\mathrm{d}x} \tag{3.54}$$

となることがわかります。すなわち，式 (3.52) の両辺を x で微分すると

$$\frac{1}{y}\frac{\mathrm{d}y}{\mathrm{d}x} = \log a$$

となりますから，したがって

$$\frac{\mathrm{d}y}{\mathrm{d}x} = y \log a$$

であり，式 (3.51) によって，y は a^x ですから

$$\frac{\mathrm{d}}{\mathrm{d}x}a^x = a^x \log a \qquad \text{(2.41) と同じ}$$

となり，ちゃんと式 (2.41) の証明ができたではありませんか。前の章の借りを返して，ほっとしました。

対数微分法は秘密兵器

この運算の過程を，もういちど振り返ってみると，おもしろい事実に気がつきます。それは，式 (3.54) に使われている z は，式 (3.53) に見るように $\log y$ のことですから，式

(3.54) は

$$\frac{\mathrm{d}}{\mathrm{d}x}\log y = \frac{1}{y}\frac{\mathrm{d}y}{\mathrm{d}x} \tag{3.55}$$

を表していたことになります。この中で，y は x の関数，つまり

$$y = f(x) \qquad (\text{ただし } f(x) > 0)$$

と書くことができます。

なぜ $f(x) > 0$ だと断言できるのかというと，いま考えている $y = a^x$ という指数関数では，$a > 0$ と決めたからです（第 2 章 2.3 節，61 ページ）。$a > 0$ ならば，a^x は正になり，$f(x) > 0$ が成り立つのです。

したがって，これを微分すれば

$$\frac{\mathrm{d}y}{\mathrm{d}x} = f'(x)$$

が成り立ちますから，式 (3.55) に代入して

$$\boxed{\frac{\mathrm{d}}{\mathrm{d}x}\log f(x) = \frac{f'(x)}{f(x)}} \tag{3.56}$$

という，きれいな形の式になります。この公式には**対数微分法**（たいすうびぶんほう）という名前がついており，とても便利で，よく使われます。たとえば，

$$\frac{\mathrm{d}}{\mathrm{d}x}\log(x^2+1)$$

を求めたい場合には，新しく $f(x)$ を

$$f(x) = x^2 + 1$$

とおきます（したがって，$\log(x^2+1) = \log f(x)$ となります）。この $f(x)$ は，常にプラスの値ですし，また

$$f'(x) = 2x$$

でもありますから，$\log(x^2+1)$ の微分は

$$\frac{\mathrm{d}}{\mathrm{d}x}\log(x^2+1) = \frac{\mathrm{d}}{\mathrm{d}x}\log f(x) = \frac{f'(x)}{f(x)} = \frac{2x}{x^2+1} \tag{3.57}$$

というように，ラクラクと計算が流れようというものです。

3.6 仲人を立てて微分する

合成関数とは似て非なるもの

私たちは，104–110 ページにわたって，y が x と

$$\left.\begin{aligned} y &= f(t) \\ t &= g(x) \end{aligned}\right\} \qquad \text{(3.33) と同じ}$$

という因果関係で結ばれた合成関数である場合について，x で y をドミノ倒しのように微分する手順を追ってきたのでした。

ところが，自然や社会，私たちの人生を牛耳(ぎゅうじ)る因果関係は，式 (3.33) のような連鎖ばかりではなく

$$\left.\begin{aligned} x &= f(t) \\ y &= g(t) \end{aligned}\right\} \tag{3.58}$$

という形のものも少なくありません。式 (3.58) だけでは実感が湧(わ)きにくいのですが，たとえば，つぎのような例が考えられます。

t は時間の経過，x は時計の針の動き，y は腹の減りぐあいを表すとしましょう。時間が経過したから時計の針が動き，いっぽう，時間が経ったから腹が減ったのであって，けっして，時計の針が動いたから腹がすいたわけでもないし，腹が減ったから時計の針が回ったわけでもありません。

このように，t を媒介にして x と y が結びついているとき，このような t を**媒介変数**(ばいかいへんすう)といいます。

あざやかな微分が可能に

さて，媒介変数を中継しているとはいえ，x と y とは現象としては結びついています。その証拠に，時計が回るにつれて腹が減ってくるではありませんか。だから，x の微小な変化について y がどう変化するか，つまり，y を x で微分するとどうなるかを知りたいことがあっても，不思議ではありません。

では，x と y とが式 (3.58) のように媒介変数 t で結ばれているときの，y を x で微分する手続きを調べていきましょう。

そのために，t を Δt だけ増してやると，x は Δx だけ，y は Δy だけ増加すると考えます。そうすると，Δy と Δx の比は

$$\frac{\Delta y}{\Delta x} = \frac{\dfrac{\Delta y}{\Delta t}}{\dfrac{\Delta x}{\Delta t}} \tag{3.59}$$

で表されます。ここで「商の極限は極限の商」というルールを使うと

$$\lim_{\Delta x \to 0} \frac{\Delta y}{\Delta x} = \frac{\displaystyle\lim_{\Delta x \to 0} \frac{\Delta y}{\Delta t}}{\displaystyle\lim_{\Delta x \to 0} \frac{\Delta x}{\Delta t}} \tag{3.60}$$

$\Delta x \to 0$ ということは，同時に $\Delta t \to 0$ であることを意味しますから

$$\lim_{\Delta x \to 0} \frac{\Delta y}{\Delta x} = \frac{\displaystyle\lim_{\Delta t \to 0} \frac{\Delta y}{\Delta t}}{\displaystyle\lim_{\Delta t \to 0} \frac{\Delta x}{\Delta t}} \tag{3.61}$$

したがって

$$\frac{\mathrm{d}y}{\mathrm{d}x} = \frac{\dfrac{\mathrm{d}y}{\mathrm{d}t}}{\dfrac{\mathrm{d}x}{\mathrm{d}t}} \tag{3.62}$$

なのです。あたりまえのようですが，あたりまえのようでも，ちゃんと確認しておくところが，数学らしいではありませんか。

上のことを応用して，1つだけ練習をしてみましょう。

QUIZ

x と y とが，それぞれ媒介変数 t によって

$$\left.\begin{aligned} x &= \cos t \\ y &= \log t \end{aligned}\right\} \tag{3.63}$$

という形で表されるとき，y を x で微分してください。

この2つの式から t を消去して，y を x の関数として表そうとするのは，狂気のさたです。こういうときには，(3.63) の2つの式をひとまず t で微分して

$$\left.\begin{aligned} \frac{\mathrm{d}x}{\mathrm{d}t} &= -\sin t \\ \frac{\mathrm{d}y}{\mathrm{d}t} &= \frac{1}{t} \end{aligned}\right\} \tag{3.64}$$

としてから，式 (3.62) の関係を使って

$$\frac{\mathrm{d}y}{\mathrm{d}x} = \frac{1/t}{-\sin t} = -\frac{1}{t\sin t} \tag{3.65}$$

というように，あざやかに微分していただきたいものです。

3.7 逆方向から微分する奇策

公式を，もういっちょう

もう1つ，便利な公式をご紹介させてください。それは

$$\boxed{\frac{\mathrm{d}y}{\mathrm{d}x} = \frac{1}{\dfrac{\mathrm{d}x}{\mathrm{d}y}}} \tag{3.66}$$

という関係です。この公式は，たとえば

$$x = y^3 - 2y^2 + 3y - 1 \tag{3.67}$$

という形の式から $\mathrm{d}y/\mathrm{d}x$ を求めるときなどに重宝します。式 (3.67) から，いきなり

$$\frac{\mathrm{d}x}{\mathrm{d}y} = 3y^2 - 4y + 3 \tag{3.68}$$

を求めて

$$\frac{\mathrm{d}y}{\mathrm{d}x} = \frac{1}{3y^2 - 4y + 3} \tag{3.69}$$

とすればすむのですから，こんな便利なことはありません。

なお，式 (3.66) や式 (3.62) などでは，いずれも $\mathrm{d}x$，$\mathrm{d}y$，$\mathrm{d}t$ などが，それぞれあたかも 1 つの文字のように，分子についたり分母へ行ったりしても，ふつうの等式のようにつじつまが合っていますが，それは，微小な増分 Δx や Δy で運算した極限として，そのような形に収まったにすぎません。

したがって，たとえば，$\mathrm{d}t$ などの文字を単純に消し合って

$$\frac{\mathrm{d}y}{\mathrm{d}t}\frac{\mathrm{d}t}{\mathrm{d}x} = \frac{\mathrm{d}y}{\mathrm{d}x}$$

とするのは，結果的にはそれでいいとしても，考え方としては正しくはありません。

3.8
たてつづけに微分する高階導関数

むずかしそうなのは見た目だけ

この本の最初のところに，x の関数 $f(x)$ を x で微分して作った $f'(x)$ のことを導関数といい，つまり，導関数を求める行為を微分という……というようなことを書きました。

それなら，その導関数をもういちど微分してできる関数は，なんと呼ぶのでしょうか。

$f'(x)$ をもういちど微分してできる関数は **2 階導関数**（にかいどうかんすう）といい，$f''(x)$ と書いて表します。そして，2 階導関数 $f''(x)$ をさらに x で微分してできる導関数は 3 階導関数といい，$f'''(x)$ と書くのです。

同じように，微分を n 回くり返してできた関数は $f^{(n)}(x)$ と書いて **n 階導関数**（エヌかいどうかんすう）と呼ばれます。そして，2 階以上の導関数をひっくるめて，**高階導関数**（こうかいどうかんすう）というのも自然の成りゆきでしょう。

微分を施す回数のことを，**階数**（かいすう）といいます。したがって，単なる導関数 $f'(x)$ は階数が 1 ですから，**1 階導関数**（いっかいどうかんすう）と呼んでもかまいません。

n 階導関数のことを **n 次導関数**（エヌじどうかんすう）または**第 n 次導関数**（だいエヌじどうかんすう）と呼ぶ作法もあります（高校数学の教科書など）が，この本では採用しないことにします。というのは，あとの第 8 章で，導関数どうしを掛

け合わせる回数を「次数（じすう）」と呼んで，微分を施す回数である「階数」とは区別する方針だからです。もっとも，階も導も関も数も画数が多くて書くのが大変ですから，画数の少ない次の 1 字が入っているほうが手は疲れないかもしれません。

高階導関数，および，それらを作り出す演算の記号としては，15 ページの記号に対応させると

2 階導関数なら

$$f''(x), \quad \frac{\mathrm{d}^2}{\mathrm{d}x^2}f(x), \quad \frac{\mathrm{d}^2 f(x)}{\mathrm{d}x^2}, \quad y'', \quad \frac{\mathrm{d}^2 y}{\mathrm{d}x^2}$$

n 階導関数なら

$$f^{(n)}(x), \quad \frac{\mathrm{d}^n}{\mathrm{d}x^n}f(x), \quad \frac{\mathrm{d}^n f(x)}{\mathrm{d}x^n}, \quad y^{(n)}, \quad \frac{\mathrm{d}^n y}{\mathrm{d}x^n}$$

のように書いて表します。

そして，$y = f(x)$ において，$f^{(n)}(a)$ のことを，a における $f(x)$ の $\boldsymbol{n}$ **階微分係数**（エヌかいびぶんけいすう）というのも，当然の言葉づかいでしょう。

n 階導関数などの用語や記号は，見た目にはおどろおどろしい感じですが，計算の実技としては，別に，どうということはありません。たとえば

$$f(x) = x^4 + 2x^2 + 1 \tag{3.70}$$

の場合なら

$$\left.\begin{aligned} f'(x) &= 4x^3 + 4x \\ f''(x) &= 12x^2 + 4 \\ f'''(x) &= 24x \\ f''''(x) &= 24 \\ f'''''(x) &= 0 \end{aligned}\right\} \tag{3.71}$$

――以下，消滅――

というように，たてつづけに微分すればよいだけのことです。たまには

$$\left.\begin{aligned} f(\theta) &= \sin\theta + \cos\theta \\ f'(\theta) &= \cos\theta - \sin\theta \\ f''(\theta) &= -\sin\theta - \cos\theta \\ f'''(\theta) &= -\cos\theta + \sin\theta \\ f''''(\theta) &= \sin\theta + \cos\theta \end{aligned}\right\} \tag{3.72}$$

のようにもとに戻ってしまう関数があったり

$$f(x) = e^x$$

のように，なんべん微分しても，びくともしない関数があったり，いろいろですが……。

なるほどの実例 3-3

さっそくですが，$y = \log x$ の n 階導関数を求めてください。

【　答え　】とにかく，$y = \log x$ を x でつぎつぎに微分していってみましょう。

$$\left.\begin{aligned} &y = \log x \\ &y' = 1/x = x^{-1} \\ &y'' = (-1)x^{-2} \\ &y''' = (-1)(-2)x^{-3} \\ &y'''' = (-1)(-2)(-3)x^{-4} \end{aligned}\right\} \tag{3.73}$$

ここまでくれば，先の姿は丸見えです。n 階微分のところでは $-$（マイナス）符号が $(n-1)$ 個だけ並び，係数の絶対値は，$1 \times 2 \times \cdots \times (n-1)$ ですし，x の右肩は $(-n)$ ですから

$$\begin{aligned} y^{(n)} &= (-1)(-2)\cdots(-n+1)x^{-n} \\ &= (-1)^{n-1}(n-1)!\,x^{-n} \qquad \cdots\textbf{（答え）} \end{aligned} \tag{3.74}$$

であることが，容易に看破できます。∎

暮らしの中の 2 階導関数

私たちにとって，もっとも身近な 2 階導関数の例は，自動車の移動距離と速度と加速度の関係かもしれません。

図 3-2 を見てください。左半分は，微分と積分の関係を描いた図 1-4（22 ページ）の一部と重複しているのですが，位置すなわち出発点からの移動距離 x が経過時間 t に比例して伸びていくことを示しています。

そうすると，経過時間 t と位置 x の関係は右上がりの直線で表され，そのときの比例定数を k とすれば，x と t の関係は

$$x = kt$$

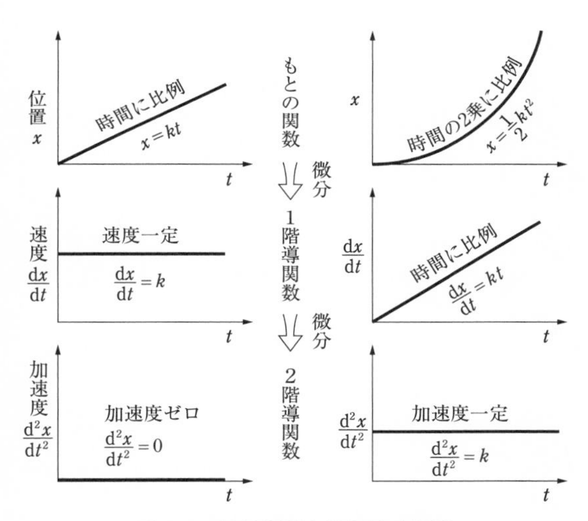

図 3-2　等速運動と等加速度運動

と書かれることは，いうまでもありません。そして，これを t で微分すると

$$\frac{\mathrm{d}x}{\mathrm{d}t}=k \tag{3.75}$$

となります。この $\mathrm{d}x/\mathrm{d}t$ というのは，経過時間に対する位置の変化率を表しますから，いわゆる**速度**（そくど）のことに他なりません。速度が定数 k なのですから，この式が**等速運動**（とうそくうんどう）を表していることは明らかです。

さらに，この式をもういちど t で微分すると

$$\frac{\mathrm{d}^2x}{\mathrm{d}t^2}=0 \tag{3.76}$$

となりますが，これは経過時間に対する速度の変化率，すな

わち，**加速度**（かそくど）がゼロであることを表現しています。

こうして，図 3-2 の左半分では，等速運動ということは加速度がゼロの場合であり，その場合には，移動距離は時間の経過 t に正比例するというあたりまえの事実を，もとの関数，1 階導関数，2 階導関数どうしの関連において物語っているわけです。

こんどは，図 3-2 の右半分の物語です。これは移動距離 x が経過時間 t の 2 乗に比例してぐんぐんと伸びていく場合，すなわち

$$x = \frac{1}{2}kt^2 \tag{3.77}$$

のような場合です。この式を微分してできる 1 階導関数は

$$\frac{\mathrm{d}x}{\mathrm{d}t} = kt \tag{3.78}$$

なので，これなら速度が経過時間 t に比例して増大していきます。さらに，もういちど微分してできる 2 階導関数は

$$\frac{\mathrm{d}^2x}{\mathrm{d}t^2} = k \tag{3.79}$$

であり，これは，加速度が一定であることを意味しています。このように，図 3-2 の右半分では，加速度一定の場合について，もとの関数，1 階導関数，2 階導関数の現象的な関連性を物語っていることがわかります。

ごく身近にある 1 階および 2 階の導関数の実例をご紹介したいばかりに，わかりきった長話に付き合っていただき，すみませんでした。

図 3-2 では，上から下へ移行するためには微分という演算を使いましたが，逆に下から上へ移動するためには積分とい

う演算が必要になります。そのときに，また，図 3-2 を参照していただくことになりそうです。この図に示した関係は，運動力学のもっとも基礎的な考え方でもありますので……。

3.9 何を何で微分する？ 微分の大問題

単純な見かけにひそむ超難問

この章では，積や商や合成関数といった，いろいろなややこしい形の関数を，さまざまな手法で片付けてまいりました。このぶんですと，

$$y = 3x^2 - 2u + k \tag{3.80}$$

を x で微分してくださいという問題などは，一見なんの苦労もないようですが，ほんとうは，たいへん困った問題なのです。

なぜかというと……。

(1)　u も k も x の関数でなければ

$$\frac{\mathrm{d}y}{\mathrm{d}x} = 6x \tag{3.81}$$

(2)　u という文字は x の関数として使われることもあるから

$$\frac{\mathrm{d}y}{\mathrm{d}x} = 6x - 2\frac{\mathrm{d}u}{\mathrm{d}x} \tag{3.82}$$

(3)　ひょっとすると，k も x の関数かもしれないから

$$\frac{\mathrm{d}y}{\mathrm{d}x} = 6x - 2\frac{\mathrm{d}u}{\mathrm{d}x} + \frac{\mathrm{d}k}{\mathrm{d}x} \tag{3.83}$$

の 3 種の答えが，どれも一理あって，いっぽう的に誤りと断定できないからです。

もう 1 つの例を見ていただきましょうか。こんどは，つぎの式を x で微分してください。

$$y = ax^3 \tag{3.84}$$

こういう問題に直面すると，たいていの方は

$$\frac{\mathrm{d}y}{\mathrm{d}x} = 3ax^2 \tag{3.85}$$

とやって，涼しい顔をしています。

ところが，実は，この作業が正しいためには，a が単なる定数であるという条件が必要です。もし，a が x の関数なら

$$(uv)' = u'v + uv' \qquad \text{(3.8) と同じ}$$

という関係を思い出して

$$\frac{\mathrm{d}y}{\mathrm{d}x} = \frac{\mathrm{d}a}{\mathrm{d}x}x^3 + 3ax^2$$

としなければならないからです。

上のような問題のほかにも，つぎの第 4 章で取り上げる予定の偏微分（へんびぶん）や全微分（ぜんびぶん）という微分法では，「どの変数について微分するか」という問題点が浮上しますから，油断ができません。微分するときには必ず，どの変数について微分するのかということと，微分する対象がどのような関数関係をもっているのかを確認してから，作業をはじめるようにいたしましょう。

最後に，あまりにも当然のことではありますが，等号（=）で結ばれている等式を微分するときには，両辺を同時に同じ変数で微分しなければならないことも，お忘れなく……。

＼ちょこっと／練習 3-1 **P91** **の答え**

式 (3.6) の右辺を展開すれば

$$y = x^4 + 4x^3 + 6x^2 + 4x + 1$$

ですから

$$\begin{aligned}\frac{\mathrm{d}y}{\mathrm{d}x} &= 4x^3 + 12x^2 + 12x + 4 \\ &= 4(x^3 + 3x^2 + 3x + 1)\end{aligned}$$

となります。

＼ちょこっと／練習 3-2 **P108** **の答え**

ヒントのように $ax^2 + bx = t$ とおけば，問題の y は $y = \sqrt[3]{ax^2 + bx} = (ax^2 + bx)^{\frac{1}{3}}$ ですから，

$$y = t^{\frac{1}{3}}$$

となります。これを t で微分すれば

$$\frac{\mathrm{d}y}{\mathrm{d}t} = \frac{1}{3}t^{-\frac{2}{3}}$$

です。また，$t = ax^2 + bx$ を x で微分すれば $\dfrac{\mathrm{d}t}{\mathrm{d}x} = 2ax + b$ ですから

$$\frac{\mathrm{d}y}{\mathrm{d}x} = \frac{\mathrm{d}y}{\mathrm{d}t}\frac{\mathrm{d}t}{\mathrm{d}x} = \frac{1}{3}t^{-\frac{2}{3}}(2ax + b) = \frac{1}{3}\frac{2ax + b}{\sqrt[3]{(ax^2 + bx)^2}}$$

というぐあいに，ぱたぱたと微分ができてしまいます。

第 4 章

微分のテクニック 上級編

偏微分・全微分

山を歩く登山家。「頂上はどこだ」と歩く姿は，望む値が極大になる点を偏微分で求めるのに通じるところがあるかもしれません。

4.1 偏微分でもくろむ大もうけ

微積分の山道を走破する

微積分は車の運転に似ていると，私は思っています。基本的な技術を身につけただけでも，世界がぐっと広がるからです。

車の運転ができるようになったとたんに，車で走る爽快（そうかい）さを味わったり，遠距離移動や荷物の運搬が苦にならなくなったりするように，微積分の初歩を学んだだけでも，いままでは手の下しようがなかった数学が扱えるようになったではありませんか。

ただし，曲がりくねった山道や凍った道路を大型車で走るには，もっともっと高度な運転技術を習得しなければなりません。同様に，微積分についても，さらに広範囲な問題を扱うためには，やや高度な微積分のテクニックを身につける必要があります。そのひとつとして，この章では，偏微分（へんびぶん）というテクニックを習得していきましょう。

私たちは第 1 章の 41–43 ページで，正方形の鉄板の四隅を縦・横とも x の正方形に切り欠き，折り曲げて箱を作り，その容積 V が最大になるように x を決めました。そのときには，V は x だけによって決まるのでした。

また，第 2 章の 68–70 ページで，水路の反対側にある目的地へ最短時間 T で到達できるような出発の方向 θ を求めましたが，このときは，T が θ だけの関数となるのでした。

しかし，現実の世界では，1 つの変数だけで結果が決まるほど単純な因果関係は多くはありません。そこで，この章では，2 つ以上の変数によって結果が決まる場合について，最大または最小の答えを求めるために必要となる，いっぷう変わった微分——それが偏微分です——をご紹介しようと思うのです。

偏微分は，文字どおり，偏(かたよ)った微分なのですが，“Example is better than precept.”（実例は説教にまさる）です。つぎの例に付き合ってください。

目指すは最大のもうけ

あるファミリーレストランでの話です。設備の維持に費用をかけなければ，店は見苦しくなって客足が落ち，利益は減るでしょう。しかし，費用をかけすぎても利益は減るに決まっていますから，その途中のどこかに利益が最大になる山があるはずです。

そこで，設備の維持にかける費用を x として，それが生む利益を

$$\text{利益} = 3 - (x - 1)^2 \tag{4.1}$$

と仮定しましょう。つまり，図 4-1（次ページ）の左側の曲線のように，$x = 1$ で利益が最大になり，そこより x が小さすぎても大きすぎても利益が減ると考えるのです。

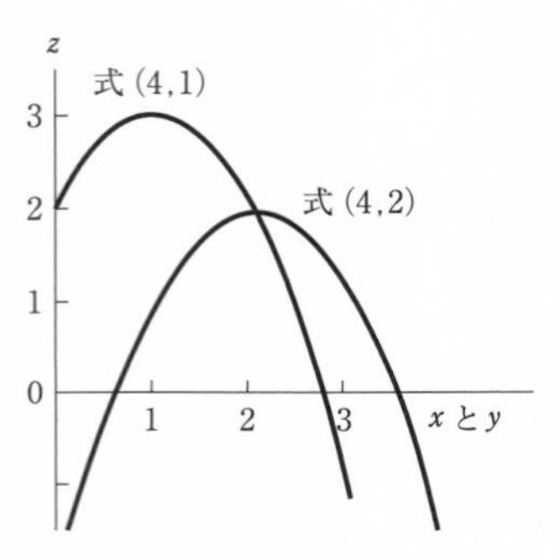

図 4-1　費用と利益

なお，式 (4.1) の 3 や 1 の単位は，10 万円でも 100 万円でも，なんでもかまいません。

さらに，人件費 y についても同様な傾向がありそうですから

$$利益 = 2 - (y-2)^2 \tag{4.2}$$

と仮定しましょう。図 4-1 の右側の曲線のようにです。

一般に，店の利益 z はこの 2 項目だけで決まるわけではありませんが，ここでは話を単純にするために，式 (4.1) と式 (4.2)，および，x と y の相乗効果 xy という，3 つの値の合計で利益 z が決まる，すなわち

$$\begin{aligned} z &= \{3-(x-1)^2\} + \{2-(y-2)^2\} + xy \\ &= -x^2 + xy - y^2 + 2x + 4y \end{aligned} \tag{4.3}$$

と考えましょう。

さて，この z は x や y の変化につれて，どのように変わ

るのでしょうか。この z のグラフを描くのはかなりむずかしいのですが，あの手この手を使って調べ，立体的に描いてみると，図 4-2 のようなダンゴ山が現れました。この山の高さが店の利益ですから，私たちは，ダンゴ山の頂の位置（x と y）を知りたいのです。その x と y を選べば店の利益が最大になるはずだからです。どうすればいいでしょうか……。

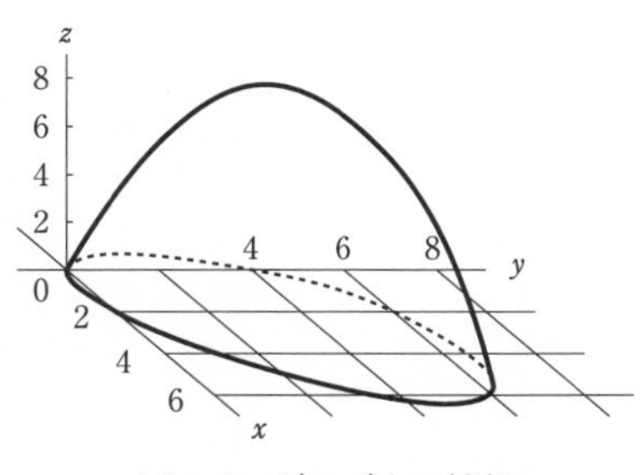

図 4-2　ダンゴ山の輪郭

頂上はどこだ？

それには，つぎのように，お考えください。

山の頂点では，x 軸に平行な方向から見ても，y 軸に平行な方向から見ても傾きはゼロです。そして，x 軸方向と y 軸方向のどちらから見ても傾きがゼロのところは，山の頂点以外にはありません。

それならば，**x 軸方向から見た傾きと y 軸方向から見た傾きとが，同時にゼロになるような位置を見つければ，そこが山の頂上である**に決まっています。

まず，x 軸に平行な方向において傾きがゼロになる位置を

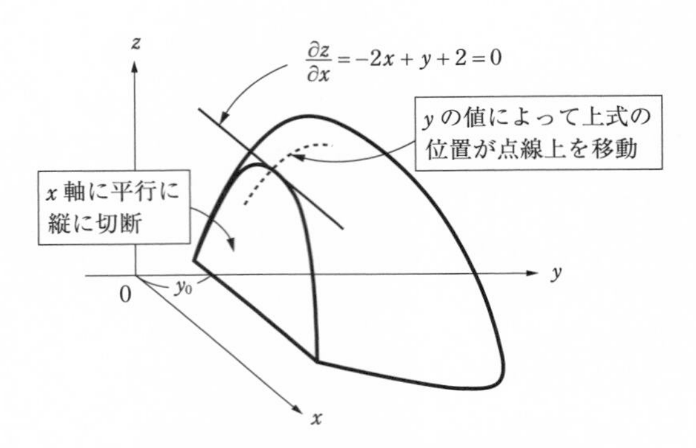

図 4-3　絵は口ほどにものを言う

探していきましょう。y が y_0 のところで x 軸に平行に縦方向に切断すると，図 4-3 のように，切り口に山なりの曲線が出現します。この曲線は，式 (4.3) において，y は常に y_0 に等しいと固定したものですから

$$z = -x^2 + xy_0 - {y_0}^2 + 2x + 4y_0 \tag{4.4}$$

で表されるに決まっています。それなら，この曲線の x 軸に平行な方向の傾きは，y_0 が定数であることに留意して

$$\frac{\mathrm{d}z}{\mathrm{d}x} = -2x + y_0 + 2 \tag{4.5}$$

となるはずです。

いまは（z を x で微分するという都合上），y を y_0 に固定して考えましたが，実際には y_0 がどのような値であっても，式 (4.4) や式 (4.5) は成立するはずです。そこで，y を y_0 に固定することなく y のままとしておいて，**x で微分するときに限っては，y があたかも定数であるかのようにみなして微**

分しましょう。そういう微分を

$$\frac{\partial z}{\partial x} = -2x + y + 2 \tag{4.6}$$

と書きます。

微分の記号が $\dfrac{\mathrm{d}z}{\mathrm{d}x}$ ではなく $\dfrac{\partial z}{\partial x}$ となっているのが，y を定数とみなして微分したことの目印であり，このような微分を**偏微分**（へんびぶん）というのです。

式 (4.6) は，z を x で偏微分したものです。そして，式 (4.6) の右辺のように，偏微分して作り出された関数を**偏導関数**（へんどうかんすう）といいます。

式 (4.6) は，y がどのような値であっても，すなわち，どの位置でダンゴ山を縦切りにしたときでも，切り口に現れる曲線の傾きを表しています。したがって，山頂では式 (4.6) の値がゼロになっているはずですから

$$\frac{\partial z}{\partial x} = -2x + y + 2 = 0 \tag{4.7}$$

でなければなりません。

いままでは，x 軸に平行な縦割りの切り口について考えてきましたが，y 軸に平行な縦割りの切り口についても同じことがいえます。すなわち，式 (4.3) において，x をあたかも定数とみなして y で微分した値がゼロでなければ，そこは山頂ではありません。

すなわち，山頂では，式 (4.3) を y について偏微分した，つぎの式

$$\frac{\partial z}{\partial y} = x - 2y + 4 = 0 \tag{4.8}$$

もまた，成立している必要があります。

こうして，問題のダンゴ山の頂上は

$$\frac{\partial z}{\partial x} = -2x + y + 2 = 0 \qquad \text{(4.7) と同じ}$$

$$\frac{\partial z}{\partial y} = x - 2y + 4 = 0 \qquad \text{(4.8) と同じ}$$

の両式が同時に成立する位置に存在することがわかりました。では，この両式が同時に成立するような x と y を求めてください。つまり，この連立方程式を解いていただけませんか。

どなたがやっても，容易に

$$x = \frac{8}{3}, \quad y = \frac{10}{3} \tag{4.9}$$

という答えが求まるでしょう。こうして，店の利益を示す式 (4.3) は，x と y が式 (4.9) のときに最大になることを知りましたから，式 (4.3) に式 (4.9) の値を代入してみてください。すると

$$\begin{aligned} z &= \left\{3 - \left(\frac{8}{3} - 1\right)^2\right\} + \left\{2 - \left(\frac{10}{3} - 2\right)^2\right\} + \frac{8}{3} \cdot \frac{10}{3} \\ &= \frac{28}{3} \quad (\fallingdotseq 9.3) \end{aligned} \tag{4.10}$$

という利益があがることが判明しました。単位が 100 万円なら，レストランは 930 万円のもうけというわけです。

4.2 いろいろな偏微分を試してみよう

高級感あふれる数学記号

積分や偏微分の記号は，一見不気味ではあるけれど，なんだか高級そうです。それが 2 つも 3 つも並ぶと，いっそう高級感が増してきます。そこで，この節では，その高級感を満喫していただこうと思います。

いま，p，q，r，s，t をすべて定数として

$$z = f(x, y) = px^2 + qx + rxy + sy^2 + ty \tag{4.11}$$

という関数があるとしましょう。もちろん，z は x と y という 2 つの変数によって定まる関数であり，関数の形は式 (4.11) のとおり，という意味です。

上の式 (4.11) は，先ほどのレストランの利益の式 (4.3) を，数学らしく一般的に書いたものとなっています。

まず，この z を x で偏微分するには，いったん y を定数とみなしておいて，ふつうに x について微分すればいいのですから

$$\frac{\partial z}{\partial x} = 2px + q + ry \tag{4.12}$$

という偏導関数に変わります。そして，このように x で偏微

分する行為，および，その結果としての偏導関数を

$$\frac{\partial z}{\partial x}, \quad \frac{\partial f}{\partial x}, \quad f_x, \quad f_x(x,y), \quad z_x$$

などと書いて表します。昔からの数学の流派ごとに，いろいろな表記法が伝えられてきたもののようですが，ややこしくて困ります。

なお，いうまでもありませんが，$z=f(x,y)$ を y で偏微分するなら，これらの記号は

$$\frac{\partial z}{\partial y}, \quad \frac{\partial f}{\partial y}, \quad f_y, \quad f_y(x,y), \quad z_y$$

となるわけです。

f_x や z_y といった表記法では，偏微分の意味を下付きの添え字で表しているのにご注意ください。このような書き方は，偏導関数だということが見た目にわかりにくいのが難点なのですが，スペースの節約には便利です。

また，x で偏微分した z，つまり式 (4.12) をさらに x で微分すること，すなわち式 (4.12) において y を定数とみなして x で微分することを

$$\frac{\partial^2 z}{\partial x^2} = 2p \tag{4.13}$$

と書きます。$\dfrac{\partial^2 z}{\partial x^2}$ の代わりに

$$\frac{\partial^2 f}{\partial x^2}, \quad f_{xx}, \quad f_{xx}(x,y), \quad z_{xx}$$

などの記号も使われます。

また，x で偏微分した z を，つぎには y で偏微分することは，式 (4.12) の場合でいえば

$$\frac{\partial^2 z}{\partial x \partial y} = r \tag{4.14}$$

と書き，また，この代わりに

$$\frac{\partial^2 f}{\partial x \partial y}, \quad f_{xy}, \quad f_{xy}(x, y), \quad z_{xy}$$

などの記号も使われています。たとえば $\frac{\partial^2 z}{\partial x \partial y}$ や f_{xy} は，はじめに x で偏微分してから，つづいて y で偏微分することを意味します。$\frac{\partial^2 z}{\partial y \partial x}$ や f_{yx} などと書くと，偏微分する順序が逆ということになります。

Column 8

シュワルツの定理

偏微分では，一般には微分の順序によって異なった結果が導かれますから，順序には気をつけないといけません。ただし，つぎのシュワルツの定理が成立するような条件では，順序を気にしなくてもよくなります。

ある 2 変数関数 $f(x, y)$ について，2 つの 2 階偏導関数 f_{xy} と f_{yx} とが存在し，それらがともに連続なところでは

$$f_{xy} = f_{yx}$$

が成立する，ということが知られています。すなわち，x と y の関数を，x で偏微分してから y で偏微分しても，y で偏微分してから x で偏微分しても，同じ結果になります。これは**シュワル**

ツの定理と呼ばれています。
この定理の証明はむずかしいので省略しますが，いろいろな実例で試していただけば，合点がいくことと存じます。

なお，式 (4.12) のような偏導関数は，もとの関数を 1 回だけ偏微分しているので**1階偏導関数**（いっかいへんどうかんすう）と呼ばれるのに対して，式 (4.13) のように 2 回の偏微分を施してある関数は**2階偏導関数**（にかいへんどうかんすう）といわれます。3 回以上でも同様で，2 回以上を総称して**高階偏導関数**（こうかいへんどうかんすう）ということは，つまらないほど当然でしょう。

また，$x = a, y = b$ における x に関する偏導関数の値を「点 (a, b) における x に関する**偏微分係数**（へんびぶんけいすう）」といい

$$f_x(a, b), \quad \frac{\partial f}{\partial x}(a, b)$$

などと書いて表します。いちいち x 方向と y 方向を区別しなければならないので，ややこしくて舌がもつれそうですね。

偏微分のトレーニングを

“Experience makes even fools wise.”（経験は愚者をも賢くする）という，まことに失礼な格言があります。けれども，理屈はわかったつもりでも，実際に体験してみないと身につかないのも事実ですから，この項では，偏微分の実技に挑戦してみようと思います。ついでに，ふつうの微分の練習にもなりそうですから……。

例題を 3 つ書き並べ，そのあとに解答を並べましょう。

なるほどの実例 4-1

(1)
$$z(x,y) = px^2 + qx + rxy + sy^2 + ty$$

について，$\dfrac{\partial z}{\partial x}, \dfrac{\partial^2 z}{\partial x^2}, \dfrac{\partial^2 z}{\partial x \partial y}$ を求めてください。

(2)
$$z(x,y) = \frac{x}{y}$$

について，$\dfrac{\partial z}{\partial x}, \dfrac{\partial z}{\partial y}, \dfrac{\partial^2 z}{\partial x^2}, \dfrac{\partial^2 z}{\partial y^2}, \dfrac{\partial^2 z}{\partial x \partial y}, \dfrac{\partial^2 z}{\partial y \partial x}$ を求めてください。

(3)
$$z(x,y) = x \sin y$$

として，$\dfrac{\partial z}{\partial x}, \dfrac{\partial z}{\partial y}, \dfrac{\partial^2 z}{\partial x^2}, \dfrac{\partial^2 z}{\partial y^2}, \dfrac{\partial^2 z}{\partial x \partial y}, \dfrac{\partial^2 z}{\partial y \partial x}$ を求めてください。

【　答え　】(1)　この問題は，実は，137 ページの式 (4.11) と同じです。その解答は，式 (4.12)，(4.13)，(4.14) のとおりです。そんなこと，あったっけ？ と思われる方は，幸せな方です。

(2)
$$\frac{\partial z}{\partial x} = \frac{\partial}{\partial x}\frac{x}{y}$$

$$= \frac{1}{y} \qquad \left(\begin{array}{l} 1/y \text{ を定数とみなして，} \\ x \text{ で微分すればいいから} \end{array}\right)$$

$$\frac{\partial z}{\partial y} = \frac{\partial}{\partial y}\frac{x}{y} = \frac{\partial}{\partial y}xy^{-1}$$

$$= -xy^{-2} = -\frac{x}{y^2} \qquad \left(\begin{array}{l} y^{-1} \text{ を } y \text{ で微分する} \\ \text{と，} -y^{-2} \text{ だから} \end{array}\right)$$

$$\frac{\partial^2 z}{\partial x^2} = \frac{\partial}{\partial x}\frac{\partial z}{\partial x} = \frac{\partial}{\partial x}\left(\frac{1}{y}\right)$$

$$= 0 \qquad \left(\begin{array}{l} y \text{ を定数，すなわち } 1/y \text{ を定数と} \\ \text{みなして } x \text{ で微分するのだから} \end{array}\right)$$

$$\frac{\partial^2 x}{\partial y^2} = \frac{\partial}{\partial y}(-xy^{-2}) = 2xy^{-3} = 2\frac{x}{y^3}$$

$$\frac{\partial^2 z}{\partial x \partial y} = \frac{\partial}{\partial y}(y^{-1}) = -\frac{1}{y^2}$$

$$\frac{\partial^2 z}{\partial y \partial x} = \frac{\partial}{\partial x}(-xy^{-2}) = -y^{-2} = -\frac{1}{y^2}$$

(3) $$\frac{\partial z}{\partial x} = \frac{\partial}{\partial x}x\sin y = \sin y,$$

$$\frac{\partial z}{\partial y} = \frac{\partial}{\partial y}x\sin y = x\cos y$$

$$\frac{\partial^2 z}{\partial x^2} = \frac{\partial}{\partial x}\sin y = 0,$$

$$\frac{\partial^2 z}{\partial y^2} = \frac{\partial}{\partial y}x\cos y = -x\sin y$$

$$\frac{\partial^2 z}{\partial x \partial y} = \frac{\partial}{\partial y}\sin y = \cos y,$$

$$\frac{\partial^2 z}{\partial y \partial x} = \frac{\partial}{\partial x}x\cos y = \cos y$$

無粋な問題でしたが，お疲れ様でした。 ∎

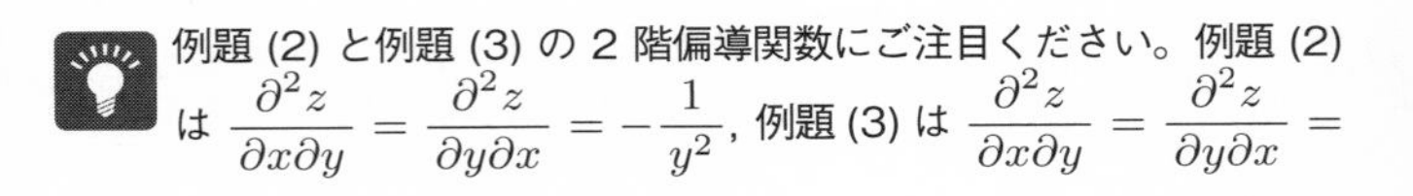
例題 (2) と例題 (3) の 2 階偏導関数にご注目ください。例題 (2) は $\frac{\partial^2 z}{\partial x \partial y} = \frac{\partial^2 z}{\partial y \partial x} = -\frac{1}{y^2}$，例題 (3) は $\frac{\partial^2 z}{\partial x \partial y} = \frac{\partial^2 z}{\partial y \partial x} =$

$\cos y$ となっていて，139 ページのシュワルツの定理の成立していることがおわかりでしょう。

Column 9

変数がいっぱい

この節では，2 つの変数によって値が決まるような関数 $f(x, y)$ を対象にして偏微分をご紹介してきましたが，変数が 3 つ以上の場合についても同様な偏微分が使われます。

とくに，私たちは縦・横・高さの 3 次元の空間に住んでいますから，空間の中におけるさまざまな状況や変化が，$f(x, y, z)$ の形で表されることが少なくありません。このため，自然科学では 3 つの変数による偏微分が多用されます。たとえば

$$\frac{\partial^2 f}{\partial x^2} + \frac{\partial^2 f}{\partial y^2} + \frac{\partial^2 f}{\partial z^2} = 0$$

という形の式が，**ラプラスの方程式**と呼ばれて名高いようにです。

また，経済学のような社会科学では，社会の現実が多岐にわたる関連をもつため，もっと多くの変数による偏微分が使われることもしばしばです。

4.3 最小 2 乗法の成り立ちを追う

ケン玉の練習

少し前に，自然科学や社会科学では偏微分が多用されてい

ると書きましたので，その代表的な例として，最小2乗法（さいしょうにじょうほう）というデータ処理の方法を見ていただこうと思います。

図4-4を，ごらんください。x–y 座標の中に6つのデータが打点（プロット）してあります。何に関するデータかは，なんでもいいのですが，たとえば，「6人の子供たちにケン玉の練習をしてもらったあと，実技のテストをしたときのデータ」とでもしましょうか。

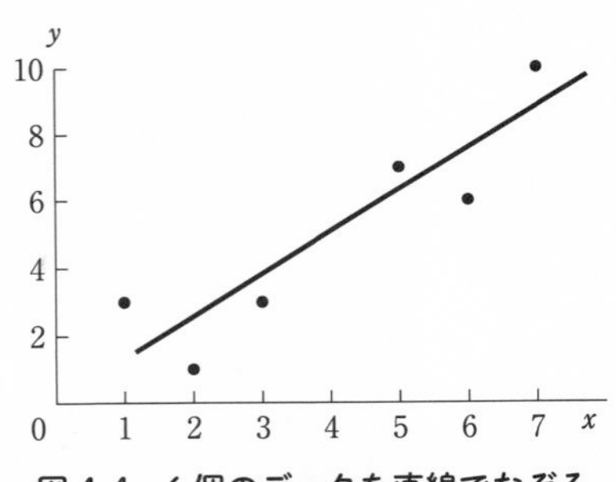

図4-4　6個のデータを直線でなぞる

横軸が練習時間（分），縦軸が実技のテストで所定の時間内に玉が皿に載った回数，とでも思ってください。1分だけ練習した子は3回，2分間練習した子は1回，……というように読むのです。

こうして並べられた6個の点を観察すると，多少のでこぼこはありますが，おおまかにいえば，x が大きくなるにつれて y も大きくなる――長く練習するにつれて，ケン玉の成功回数が多くなる――傾向が認められるし，その傾向は直線的であるように感じられます。

そこで，この6個の点を1本の直線で代表しておこうと思います。そうしておけば，その直線が平均的な学習能力を意味しますから，各人の学習能力の優劣が判定できるし，また，x が 4 とか 8 とかのようにデータが欠けているところでも，y の値の見当がつくからです。

さて，この 6 個の点を代表する直線を書き込むには，どうすればいいでしょうか。

いちばん手っとり早いのは，目分量（めのこ）で定規をあてがって直線を書き込むことでしょう。人間の脳の働きは，直感的にも論理的にもすばらしいものですから，直感で記入した直線でも，文字どおり「いい線」にいっていることが少なくありません。

とはいえ，そうした手書きの線には個人差がどうしても出てきますし，たとえ同じ人がやっても，定規を 1 回あてがうごとに手元が微妙にずれるのは，まぬかれないでしょう。

そこで，いつ誰がやっても同じ結果が現れて，どこからも文句がつかないように，データを数学的になぞる――**回帰**（かいき）するといいます――方法を見ていただこうと思います。それには，つぎのような考え方を使います。

いい線いってる？

次ページの図 4-5 をごらんください。これは，いくつかの点を，1 本の直線

$$y = ax + b \tag{4.15}$$

で回帰しよう（なぞろう）としているところです。描いた直線が「いい線」にいっているためには，データ点からなるべく外れないようにする必要があります。そこで，各点からこの

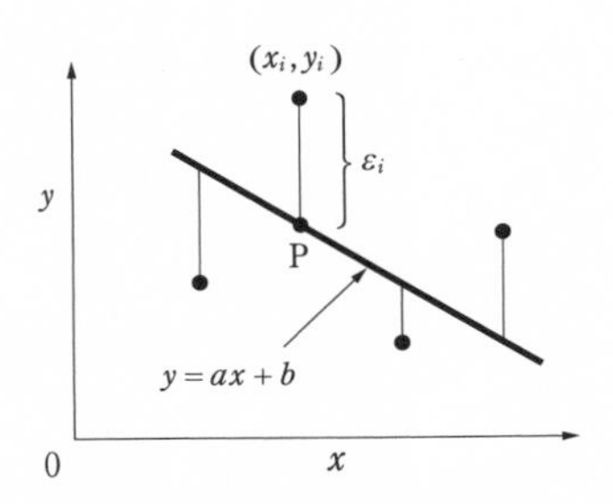

図 4-5　最小 2 乗法の原理

直線への離れっぷりがもっとも小さくなるように，式 (4.15) の 2 つの未知数，直線の傾き a と y 切片 b を，これから決めてやりましょう。

図に見るように，i 番め（図で左から 2 番め）の点 (x_i, y_i) が，式 (4.15) の直線から y 軸方向に離れている距離を ε_i とすると

$$\varepsilon_i = y_i - ax_i - b \tag{4.16}$$

となります。なぜって，図の P 点の y 座標は $ax_i + b$ だからです。

けっきょく私たちは，個々の点が直線から外れている距離 $\varepsilon_1, \varepsilon_2, \cdots, \varepsilon_6$ をすべて足し合わせた値，つまり

$$\sum \varepsilon_i$$

が，なるべく小さくなるように式 (4.16) の a と b を決めたいのです。

Σ は**シグマ**と読み，「つぎの量を足し合わせる」を意味する記号（総和記号）です。ケン玉のように，i が第 1 番から第 6 番まであるなら

$$\sum \varepsilon_i = \varepsilon_1 + \varepsilon_2 + \varepsilon_3 + \varepsilon_4 + \varepsilon_5 + \varepsilon_6$$

ですし，もっと一般的に，i が第 1 番から第 n 番まであるなら

$$\sum \varepsilon_i = \varepsilon_1 + \varepsilon_2 + \cdots + \varepsilon_n$$

という意味になります。Σ 記号は，上の右辺のように足し算を具体的に書き出すと長くなりすぎるのを，要領よく略記したものにすぎません。

そのためには，ただ単に $\sum \varepsilon_i$ が最小になるように a と b を決めればいいと思いがちですが，そうは問屋がおろしません。$\sum \varepsilon_i$ が最小になるような直線は，すべての点の y 軸方向の中央を走るので

$$\sum \varepsilon_i = 0 \tag{4.17}$$

を解くことになるのですが，方程式がたった 1 つでは，2 つの未知数 a と b を決めることができないではありませんか。

そこで，ε_i をそのまま合計するのではなく，2 乗して ${\varepsilon_i}^2$ としてから合計することにしましょう。この考え方には，さまざまな長所があります。

第一は，ε だけ外れていても，$-\varepsilon$ だけ外れていても，外れっぷりとしては同じですから，2 乗してマイナス符号を取り除くのは，すっきりするばかりでなく，合理的です。

第二には，2 乗してから合計するという思想は，ばらつきの大きさを示すための標準偏差をはじめ，統計処理の常套手

段ですし，数学や物理の他の概念とも調和がとれています。

n 個のデータ，x_1，x_2，$\cdots$，x_n があるとき，これらのデータのばらつきの大きさを表す，もっとも優れた指標が標準偏差であり

$$\sigma = \sqrt{\frac{\sum(x_i - \bar{x})^2}{n}}$$

として求められます。

第三には，${\varepsilon_i}^2$ を最小にすると結果的に式 (4.17) も成立してしまうのです。

では，${\varepsilon_i}^2$ を最小にしていきましょう。式 (4.16) によって

$$\sum {\varepsilon_i}^2 = \sum(y_i - ax_i - b)^2 \tag{4.18}$$

です。

ごらんください。x_i や y_i は与えられたデータによって決まってしまう値ですから，左辺の $\sum {\varepsilon_i}^2$ は，右辺にある a と b という 2 変数をもつ関数になっています。その左辺をなるべく小さくしたい，すなわち，極小にしたいわけですから，そうなるような未知数 a と b を求めるには

$$\left.\begin{aligned} \frac{\partial}{\partial a} \sum {\varepsilon_i}^2 = 0 \\ \frac{\partial}{\partial b} \sum {\varepsilon_i}^2 = 0 \end{aligned}\right\} \tag{4.19}$$

を連立して解けばいいはずです。こうして，136 ページでダンゴ山の頂上の位置を求めたときと同じような連立方程式が出現しました。

非の打ち所のないなぞり方

この節の目的は，偏微分が自然科学や社会科学の中で活躍している現場を見ていただくことでしたから，ここまでで一応の目的は果たしているのですが，話題が中途半端で終わるのも心残りです。紙面を少々いただいて，話題を完結しておきましょう。

式 (4.19) に式 (4.18) を代入して，しこしこと運算し，さらに

$$\sum x_i = n\bar{x}, \quad \sum y_i = n\bar{y}, \quad \sum b = nb$$

（$\bar{x}$ は，x_i の平均値，$\bar{y}$ も同様）

の関係（n は点の個数です）を利用して式を整理すると

$$\left.\begin{aligned} a &= \frac{\sum x_i y_i - n\bar{x}\bar{y}}{\sum {x_i}^2 - n\bar{x}^2} \\ b &= \bar{y} - a\bar{x} \end{aligned}\right\} \tag{4.20}$$

という結論に達します。この a と b を用いた

$$y = ax + b \qquad (4.15) \text{ と同じ}$$

の直線でデータの配列を代表させる方法が，**最小2乗法**（さいしょうにじょうほう）による**直線回帰**（ちょくせんかいき）です。そして，こうして引いた直線を**回帰直線**（かいきちょくせん）といいます。データを直線でなぞるときの，数学的に文句のつけようのない方法として，もっともよく用いられるものです。

最小２乗法のことを**最小自乗法**（さいしょうじじょうほう）ともいいます。どちらでもかまいません。いずれにせよ，“the least-squares method” という英語を翻訳した言葉です。

これで，偏微分の１つの応用例のご紹介は終わりなのですが，図 4-4 に打点した６個のデータを，最小２乗法による直線で回帰して話を完結させておきましょう。

なるほどの実例 4-2

６人による，ケン玉の練習時間 x と成功回数 y の６個のデータを，表 4-1 にまとめました。

表 4-1　ケン玉のデータ（$n=6$）

i	1 番目	2 番目	3 番目	4 番目	5 番目	6 番目
x_i	1	2	3	5	6	7
y_i	3	1	3	7	6	10

最小２乗法による直線

$$y = ax + b \qquad (4.15)\text{ と同じ}$$

で回帰しようと思います。式 (4.20)

$$\left.\begin{aligned} a &= \frac{\sum x_i y_i - n\bar{x}\bar{y}}{\sum {x_i}^2 - n\bar{x}^2} \\ b &= \bar{y} - a\bar{x} \end{aligned}\right\} \qquad (4.20)\text{ と同じ}$$

を運算することによって a と b を求め，回帰直線の式を完成させてください（念のため，$\sum$ 記号は「全部足し合わせる」，$\bar{x}$ は「x_i の平均」という意味です）。

【　答え　】作業は表 4-2 のように進行して

$$\left.\begin{aligned} a &= \frac{155 - 6 \times 4 \times 5}{124 - 6 \times 4^2} = 1.25 \\ b &= 5 - 1.25 \times 4 = 0 \end{aligned}\right\} \quad (4.21)$$

が求まります。これで，私たちの 6 個のデータの回帰直線は

$$y = 1.25x \qquad \cdots \text{（答え）} \quad (4.22)$$

とすればいいことが判明しました。

表 4-2　回帰直線を求めるために

i	1 番目	2 番目	3 番目	4 番目	5 番目	6 番目	総和	平均
x_i	1	2	3	5	6	7	$\sum x_i = 24$	$\bar{x} = 4$
y_i	3	1	3	7	6	10	$\sum y_i = 30$	$\bar{y} = 5$
$x_i y_i$	3	2	9	35	36	70	$\sum x_i y_i = 155$	
${x_i}^2$	1	4	9	25	36	49	$\sum {x_i}^2 = 124$	

実は，図 4-4 に書き込んである直線は，この式 (4.22) の直線だったのです。どうりで，うまく回帰できていたはずです。 ■

これで，偏微分の応用例としての直線回帰の話は終わりなのですが，ちょっと余分な補足をさせていただきます。実は，回帰は直線に頼るばかりが能ではありません。データの性格や，実際のデータの配列によっては，直線ではなくて，2 次曲線や指数・対数曲線などでデータをなぞる必要を感じることもあるでしょう。そういうときでも，偏微分を施して導いた連立方程式を解き，必要な係数を求め，回帰直線ならぬ回

帰曲線を描くことが可能なのです。

ただし，直線でない場合，計算は一筋縄ではいきません。幸い，近ごろの関数計算機能つきの電卓には，各種の方程式で回帰する機能がついていますから，それを利用されるといいでしょう。

Column 10

回帰の怪奇

回帰（regression）という言葉は，ふつうは，ひとめぐりして元に戻ってくることを意味するのに，いくつかの点を直線や曲線でなぞる意味に使われるのはへんだとは思われませんか。

これには，ちょっとした逸話が残されています。ある生物学者が，大きな親からは大きな子が，小さな親からは小さな子が生まれるから，親と子の身長の間には 45° の傾きをもった直線的な関係があるにちがいないと思っていました。

ところが，実際に集めたデータをなぞってみると，大きな親の子はそれほど大きくないし，小さな親の子はそれほど小さくなくて，子の身長は平均並みのほうへ回帰しているため，親と子の身長の関係は 45° よりゆるやかな直線になっていたのです。

この現象に興味を覚えた数学者が，その直線を回帰直線と呼んだのが，なぞってできる直線や曲線を回帰直線などと呼ぶようになった起源だと伝えられています。

4.4
山頂と谷底を判別する法（その 2）

また山と谷がいっしょくたに……

71 ページの 2.6 節に，「山頂と谷底を判別する法」という項目がありました。そこでは，

平面上に描かれた曲線 $f(x)$ では，微係数 $f'(x)$ がゼロのところは，山頂か谷底かおどり場かのいずれかである。そのいずれであるかは，$f''(x)$ が負か，ゼロか，正かによって判定できる。

という趣旨のことが述べられていたのでした。

その後，私たちは平面から飛び出して 3 次元の世界に移り，ダンゴ山の山頂の位置を調べることに成功したつもりになっているのですが，ちょっと心配なことがあります。ダンゴ山の頂点については，図 4-3 に描いたように，

- **x–z 平面に平行に山を切断したときに現れる山形の曲線上で，微係数がゼロ**

かつ，

- **y–z 平面に平行に切断したときに出現する曲線上でも，微係数がゼロ**

になるような位置に，頂上を選んだのでした。つまり，数学的にいえば

$$\left.\begin{aligned} f_x &= 0 \\ f_y &= 0 \end{aligned}\right\} \tag{4.23}$$

を連立して解くことによって x と y の値を求め，その位置で $f(x, y)$ の値が極大になる……と考えたのでした。

しかし，その位置が山頂ではなく，実は谷底だったとしても式 (4.23) が成立しますから，両方で同じ結果になるではありませんか。だから，私ちたが選んだ位置は，山頂ではなく谷底ではないのだろうかとの疑いが捨てきれないのです。

そこで，曲線のときと同様に，曲面についても，山頂（極大）か谷底（極小）かを判定する方法を，ご紹介しておこうと思います。

ただし，極大・極小の判定法が誕生する筋道をきちんとたどるのは，あまりにも煩雑です。図を見ていただきながら，おおざっぱに理解しておくにとどめようと思います。

まず，図 4-6 の①を見てください。そこには 2 つの図が描かれていますが，その 2 つには共通点があります。曲面は 2 つとも，x 軸方向と y 軸方向について同じ側に反(そ)り返っているのです（たとえば，上の曲面は，x 軸についても y 軸についても下向きに反り返っています）。

反り返る方向は，72 ページの図 2-5 から類推していただけるように

$$\text{上向き}\quad\text{なら}\quad f_{xx} > 0$$
$$\text{下向き}\quad\text{なら}\quad f_{xx} < 0$$

ですから，いちばん上の図は

$$f_{xx} < 0 \quad\text{かつ}\quad f_{yy} < 0$$

となっています。そして，このときには，この曲面の頂上は

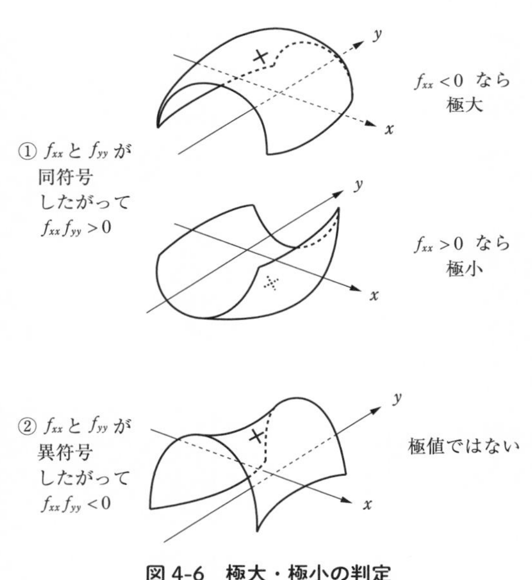
① f_{xx} と f_{yy} が
同符号
したがって
$f_{xx}f_{yy}>0$
$f_{xx}<0$ なら
極大
$f_{xx}>0$ なら
極小
② f_{xx} と f_{yy} が
異符号
したがって
$f_{xx}f_{yy}<0$
極値ではない
x
y

図 4-6　極大・極小の判定

極大であることを意味します。

2 番めの図は，どうでしょうか。こんどは

$$f_{xx} > 0 \quad \text{かつ} \quad f_{yy} > 0$$

です。それなら，その曲面上の底は極小になっていることを意味しているにちがいありません。

最後に，いちばん下の図（図 4-6 の②）を見てください。こんどは，x 軸方向には下向き，y 軸方向には上向きになっています。したがって

$$f_{xx} < 0 \quad \text{かつ} \quad f_{yy} > 0$$

です。このときは曲面が馬の背に載せる鞍（くら）のような形になってしまい，図の×点は，x 軸方向にとっては最大ですが，y 軸方向にとっては最小なので，極値とはいえません。したがって，このような曲面の場合には，極大値も極小値も存在しません。

ただし，このような点は，競い合っている x 陣営と y 陣営にとっての微妙な妥協点となりうるので，経済学の「ゲームの理論」などでは，**鞍点**（あんてん）（サドル・ポイント）として重要な役割を演じたりもします*。

おおまかにいえば，以上のようなことなのですが，最後に数学的に整理して，判別式を書いておきましょう。$f(x,y)$ について

$$\left.\begin{array}{l} f_x = 0 \\ f_y = 0 \end{array}\right\} \qquad (4.23) \text{ と同じ}$$

を解いて

$$x = a$$
$$y = b$$

が求まったとき

---

* $z = f(x,y)$ において，$f_x(a,b) = f_y(a,b) = 0$ になるような点を，$z = f(x,y)$ の停留点といいます。極大，極小，鞍点などが生じる (a,b) は，ぜんぶ停留点です。

$f_{xx}f_{yy} - {f_{xy}}^2 > 0$ なら
　　$f_{xx} < 0$　のとき $f(a,b)$ は極大値。
　　$f_{xx} > 0$　のとき $f(a,b)$ は極小値。
$f_{xx}f_{yy} - {f_{xy}}^2 < 0$ なら
　　$f(a,b)$ は極値ではない。
$f_{xx}f_{yy} - {f_{xy}}^2 = 0$ なら
　　これだけでは判定できない。

ということになります。なお，判別式の左辺に付いている ${f_{xy}}^2$ は，x と y の積の影響を取り除くための補正項です。

レストランはもうけるか，損するか？

ひとつだけ実例をごらんください。私たちは，この章のはじめのほうで，ファミリーレストランの利益を表す

$$z = -x^2 + xy - y^2 + 2x + 4y \qquad \text{(4.3) と同じ}$$

が最大になるような x と y の組み合わせを見つけようとしました。そのために

$$\frac{\partial z}{\partial x} = -2x + y + 2 = 0 \qquad \text{(4.7) と同じ}$$
$$\frac{\partial z}{\partial y} = x - 2y + 4 = 0 \qquad \text{(4.8) と同じ}$$

の両式を連立させて解き

$$x = \frac{8}{3}, \quad y = \frac{10}{3} \qquad \text{(4.9) と同じ}$$

のところで z が最大になる，と澄ましていたのでした。そのときには，あらかじめ，x と y にいろいろな値を代入して z

の値を計算しながら，z の曲面が図 4-3 のようなダンゴ山になると見当をつけてあったので，式 (4.9) が山頂であることに疑念を抱きませんでした。

しかし，新しい知恵を身につけたいまとなっては，めんどうな立体図を描いてみるまでもなく，極大か極小かを判別するのは，ちょいの間です。やってみましょう。

なるほどの実例 4-3

レストランの利益

$$z = -x^2 + xy - y^2 + 2x + 4y \qquad (4.3)\text{ と同じ}$$

は，ほんとうに式 (4.9) の，$x = 8/3$，　$y = 10/3$ の点で極大になっているのでしょうか。この節でご紹介したテクニックを使って，判定していただけませんか。

【　答え　】式 (4.7) を x について，式 (4.8) を y について，さらに偏微分すれば

$$f_{xx} = \frac{\partial^2 z}{\partial x^2} = -2 < 0, \quad f_{yy} = \frac{\partial^2 z}{\partial y^2} = -2 < 0$$

なので，f_{xx} と f_{yy} とは同符号です。これらの積は

$$f_{xx} f_{yy} > 0$$

ですから，図 4-6 の①に該当します。そして，$f_{xx} < 0$ ですから，私たちが見つけた式 (4.9) の位置は，ダンゴ山の谷底ではなく，頂上であることが，数学的にも確認できました。

$f_{xx}f_{yy} > 0$ かつ $f_{xx} < 0$ だから，z は極大値である。

…（答え）

めでたし，めでたし……。 ▮

4.5 全微分という考え方

断面図で考えましょう

なんべんも書いてきたように，曲面を表す関数 $z = f(x)$ の極値を求めるには

$$\left.\begin{array}{l} f_x = 0 \\ f_y = 0 \end{array}\right\} \qquad (4.23)\text{ と同じ}$$

もっと堅苦しく，いや，ていねいに書けば

$$\left.\begin{array}{l} \dfrac{\partial z}{\partial x} = 0 \\ \dfrac{\partial z}{\partial y} = 0 \end{array}\right\} \qquad (4.24)$$

を連立させて解けばいいのでした。極値のところでは，x 軸方向の傾きも，y 軸方向の傾きもゼロになるはずだからです。

しかし，x 軸方向と y 軸方向を確かめるだけで，ほんとうにいいのでしょうか。x 軸と y 軸の中間の方向に，せり上がりや陥没が潜んでいて，x 軸方向の断面と y 軸方向の断面を調べるだけでは，それらを見落とす心配はないのでしょう

か。そこで，**全微分**（ぜんびぶん）という考え方を導入することにします。

$z = f(x, y)$ の全微分は

$$\mathrm{d}z = \frac{\partial z}{\partial x}\mathrm{d}x + \frac{\partial z}{\partial y}\mathrm{d}y \tag{4.25}$$

という，ものものしい式で表されます。この式の意味，つまり，全微分の考え方は，図 4-7 のとおりです。ごめんどうでも，図とにらめっこで筋書きを追ってください。x–y–z の立体空間の中に，$z(x, y)$ の曲面があるとします。その曲面を x 軸方向には $\mathrm{d}x$，y 軸方向には $\mathrm{d}y$ の幅で切り取ります。

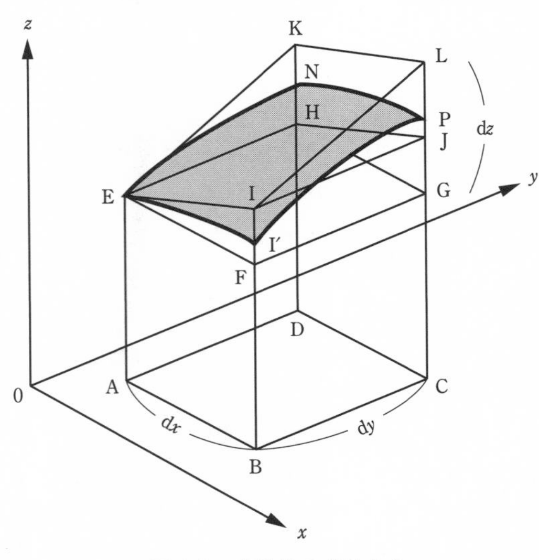

図 4-7　全微分の成り立ち

正しくいえば，「Δx と Δy の幅で切り取ったうえで，$\Delta x \to 0$, $\Delta y \to 0$ の極限としての $\mathrm{d}x$ と $\mathrm{d}y$ を考える」……となるのですが，どっちみち同じことなので，すれすれのところでゼロにならないような $\mathrm{d}x$ と $\mathrm{d}y$ の幅で切り取ったわけです。

こうすると，z の全微分 $\mathrm{d}z$ は，図の GL の大きさで表されることになります。なぜかというと，極限をとれば FI'/EF ($= \partial z/\partial x$) は FI/EF に一致しますから

$$\frac{\partial z}{\partial x}\mathrm{d}x = \frac{\mathrm{FI}}{\mathrm{EF}} \cdot \mathrm{EF} = \mathrm{FI}$$

が成り立ちます。同様に考えて，

$$\frac{\partial z}{\partial y}\mathrm{d}y = \frac{\mathrm{HK}}{\mathrm{EH}} \cdot \mathrm{EH} = \mathrm{HK}$$

さらに　　$\mathrm{GL} = \mathrm{GJ} + \mathrm{JL} = \mathrm{FI} + \mathrm{HK}$

したがって　　$\mathrm{GL} = \dfrac{\partial z}{\partial x}\mathrm{d}x + \dfrac{\partial z}{\partial y}\mathrm{d}y = \mathrm{d}z$

となっているではありませんか。

全微分のご利益（りやく）

ところで，全微分という考え方を導入すると，どのような果報があるのでしょうか。その果報は，つぎのとおりです。全微分の式 (4.25) を，もういちど見てください。

$\mathrm{d}x$ と $\mathrm{d}y$ は数学的に独立していて，互いになんの関係ももっていません。つまり，$\mathrm{d}x$ と $\mathrm{d}y$ の符号が反対であろうと，$\mathrm{d}x$ が $\mathrm{d}y$ よりなん倍も大きかろうと，式 (4.25) は必ず

成立するのです。

ということは，図 4-7 の EL の方向は，E を中心とした全周のどの方向を選んでみてもよいということになります。逆にいえば，どの方向から E に近づいてもよい，ということです。

そういうわけですから，z の全微分 $\mathrm{d}z$ は，ある点について，全周 360° のどちらの方向にも意味をもつ一般的な「増し分」の式といえるのです（ただし，極点を除けば，一般に方向によってその値は異なります）。

これに対して，∂x は x 方向のみの，また ∂y は y 方向のみの「独立した増し分」と解釈することができます。したがって，極値の位置では

$$\mathrm{d}z = 0 \tag{4.26}$$

であると，簡潔に表現できます。これなら，x 軸と y 軸の間に陥没やせり上がりが潜んでいることを心配する必要はありません。なにしろ，どっちを向いても，増し分がゼロということなのですから……。

ところで，簡潔な式 (4.26) は，式 (4.25) と照合すれば，もちろん

$$\frac{\partial z}{\partial x}\mathrm{d}x + \frac{\partial z}{\partial y}\mathrm{d}y = 0 \tag{4.27}$$

であることを意味します。そして，この式が常に成立するためには

$$\left.\begin{array}{l} \dfrac{\partial z}{\partial x} = 0 \\ \dfrac{\partial z}{\partial y} = 0 \end{array}\right\} \qquad \text{(4.24) と同じ}$$

でなければなりません。

したがって，3 次元空間内の極値を求めるためには，どっちへ転んでも，この連立方程式を解く必要があります。だから，極値を求める手順としては，全微分を考えても考えなくても同じことです。しかし，極値計算の論理としては

$$\mathrm{d}z = 0 \qquad \text{(4.26) と同じ}$$

のほうが，道理が通ってもいるし，なんといっても，スマートではありませんか。

第 5 章

積分のテクニック 基礎編

不定積分の定石

アルキメデス（287 B.C.–212 B.C.）。「放物線と直線で囲まれる面積」を 2000 年以上前に求めた人ですが，当時は長大な計算が必要でした。

5.1
公式頼(だよ)りの積分計算

積分とは面積のこと

第 1 章で，微分は「どう変化しているか」を調べるテクニックであり，積分は「変化を積み重ねたあげくに，どうなるか」を調べるテクニックであると書きました。そして，その実例として，図 1-2～図 1-5 など，いくつかの図を描きましたが，それらを見ると，積分というのは，しょせん，変化を描いたグラフの面積を求めることに帰するのでした。そこで，まず，グラフの面積を求めることの苦労を見ていただきましょう。

図 5-1 に，3 つのグラフを描いてあります。①は

$$y = k \quad (k \text{ は定数}) \tag{5.1}$$

という直線が x 軸との間に作り出す面積を，x が a から b までの区間について求める問題ですが，これは図の長方形の面

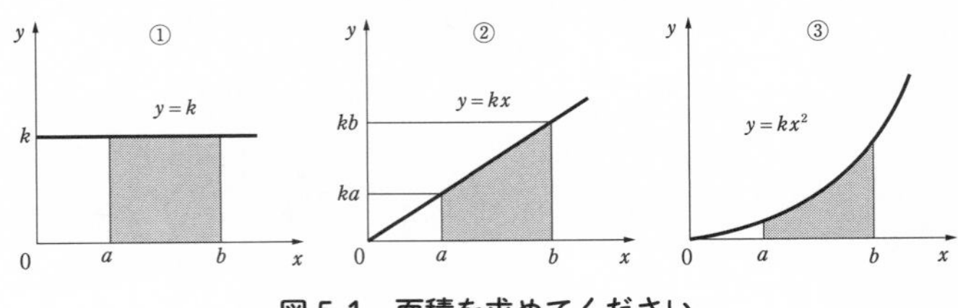

図 5-1　面積を求めてください

積ですから

$$面積 = k(b-a) \tag{5.2}$$

であり，おとなにとっては，問題にするほどのことはありません。

つぎに，②では

$$y = kx \tag{5.3}$$

という直線が x 軸との間に作り出す台形の面積を求めているのですが，これも

$$\begin{aligned} 面積 &= \frac{1}{2}b \cdot kb - \frac{1}{2}a \cdot ka \\ &= \frac{k}{2}(b^2 - a^2) \end{aligned} \tag{5.4}$$

というわけで，中学入試程度の問題です。

ところがです。③になると，事情が一変します。こんどの曲線は，x の 2 次式 $y = kx^2$ が作り出す曲線（放物線）です。この曲線と x 軸とで挟まれた面積というのは，加減乗除の代数計算だけでは，容易には求められないのです。

とんでもない苦労

それでも代数計算で求めてみろといわれれば，つぎのように計算するしかありません。計算を克明に追っていただく必要はありませんが，筋書きにはざっと目を通してみてください。

まず，作業を少しでも単純にするために

$$y = x^2 \tag{5.5}$$

の曲線を描きましょう。

式 (5.5) は，もとの $y = kx^2$ を，縦に $1/k$ 倍に押し縮めたものです。$y = kx^2$ が囲む面積を知りたければ，あとで k 倍するつもりです。

つぎに，図 5-2 のように，a から b の区間を n 等分し，幅 h の棒グラフを n 本並べます。あとで，n をどんどん大きくすることによって，棒グラフの面積の合計が，求める図形の面積に限りなく近づくことを利用しようという魂胆です。もちろん，棒の幅 h は，a から b の区間の n 等分ですから

$$h = \frac{b-a}{n} \tag{5.6}$$

です。

棒グラフの上端は，左上のかどが $y = x^2$ の曲線に触れる高さに統一してください。

そうすると，いちばん左の棒グラフは，高さが a^2 で幅が

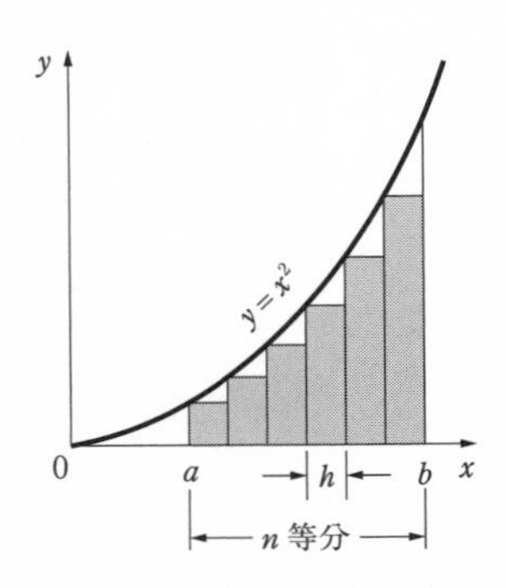

図 5-2　棒グラフで代用する

h ですから，その面積は ha^2 です。そして，左から 2 本めの棒グラフは，高さが $(a+h)^2$ で幅が h ですから，その面積は $h(a+h)^2$ となるはずです。

以下，同様に n 本の棒グラフの面積を合計すると

$$S_n = h[a^2 + \{a+h\}^2 + \{a+2h\}^2 + \cdots + \{a+(n-2)h\}^2 + \{a+(n-1)h\}^2] \quad (5.7)$$

となりますが，このままでは，目がちらついて計算結果が読めないので，式を変形していきます。

$$\begin{aligned} S_n =& h\{a^2 \\ &+ a^2 + 2ah + 1^2h^2 \\ &+ a^2 + 2\cdot 2ah + 2^2h^2 \\ &+ \cdots \text{中略} \cdots + \\ &+ a^2 + 2(n-2)ah + (n-2)^2h^2 \\ &+ a^2 + 2(n-1)ah + (n-1)^2h^2\} \end{aligned} \quad (5.8)$$

この式の右辺をこのまま縦方向に加え合わせると

$$\begin{aligned} S_n =& h[na^2 \\ &+ 2ah\{0+1+2+\cdots+(n-2)+(n-1)\} \\ &+ h^2\{0+1^2+2^2+\cdots+(n-2)^2+(n-1)^2\}] \end{aligned} \quad (5.9)$$

となります。この式の右辺には，2 つの有名な級数の和の公式

$$0+1+2+\cdots+(n-2)+(n-1) = \frac{n(n-1)}{2}$$

$$0+1^2+2^2+\cdots+(n-2)^2+(n-1)^2=\frac{n(n-1)(2n-1)}{6}$$

を使うことができます。上の2式を利用すると，式 (5.9) は

$$S_n = na^2h + 2ah^2\frac{n(n-1)}{2} + h^3\frac{n(n-1)(2n-1)}{6} \tag{5.10}$$

と変形されていきます。さらに

$$h = \frac{b-a}{n} \qquad \text{(5.6) と同じ}$$

の関係を代入して変形していくと

$$\begin{aligned} S_n &= na^2\frac{b-a}{n} + 2a\frac{(b-a)^2}{n^2}\frac{n(n-1)}{2} \\ &\quad + \frac{(b-a)^3}{n^3}\frac{n(n-1)(2n-1)}{6} \\ &= a^2(b-a) + a(b-a)^2\frac{n-1}{n} \\ &\quad + \frac{(b-a)^3}{6}\frac{(n-1)(2n-1)}{n^2} \\ &= a^2(b-a) + a(b-a)^2\left(1-\frac{1}{n}\right) \\ &\quad + \frac{(b-a)^3}{6}\left(1-\frac{1}{n}\right)\left(2-\frac{1}{n}\right) \end{aligned} \tag{5.11}$$

という形に整理されました。

この形は，私も気に入りました。私たちは，「n がどんどん大きくなったときの棒グラフの総面積 S_n」を知りたいのですが，式 (5.11) の中には n の増大につれてゼロに近づく $1/n$ という値が目につくからです。そこで

$$\lim_{n\to\infty}\frac{1}{n} = 0 \tag{5.12}$$

という性質を利用して，「n をどんどん大きくしたときに，棒グラフの総面積 S_n が，どのような値に近づいていくか」を調べましょう。すると

$$
\begin{aligned}
\lim_{n\to\infty} S_n &= a^2(b-a) + a(b-a)^2 \times 1 + \frac{(b-a)^3}{6} \times 1 \times 2 \\
&= \frac{1}{3}(3a^2b - 3a^3 + 3ab^2 - 6a^2b + 3a^3 + b^3 \\
&\qquad - 3ab^2 + 3a^2b - a^3) \\
&= \frac{1}{3}(b^3 - a^3) \qquad (5.13)
\end{aligned}
$$

ということになりました。

式 (5.13) を算出した手がかりは図 5-2 でした。その図では，棒グラフの左上端を $y = x^2$ の曲線に合わせたので，棒の上端に三角形の余白が残り，棒グラフの総面積が不足気味の状態から計算をスタートしたのでした。

これに対して，棒グラフの右上端を曲線に合わせれば，棒の上端が $y = x^2$ の曲線から三角形にはみ出るので，棒グラフの総面積が過剰気味の状態から計算をスタートすることになります。どちらの状態からスタートしても，棒の本数 n を大きくしていった極限では，同じ答えに到達します。

こうして，166 ページ図 5-1 の③の面積は求められたのですが，それにしても，たいへんな作業でした。曲線の中ではもっとも平凡な 2 次曲線に囲まれた面積を求めるだけでも，これほど苦労するのですから，もっと高次の曲線や無理関数，指数・対数関数などに囲まれた面積を，棒グラフの近似式の極限として求めようとしたら，頭がおかしくなってしまいそうです。

公式のおかげで，楽ちんです

そこで，積分です。私たちは，すでに，第 1 章の 28 ページで，この積分を使用ずみなのです。そこでは，積分なしで面積を求めようとすれば遭遇したはずの，頭がおかしくなりそうな過程に目を向けることもなく，「積分は微分の逆方向の演算」という性質を利用して，さっさと

$$\int_{0.5}^{1} x^2 \mathrm{d}x = \left[\frac{1}{3}x^3\right]_{0.5}^{1}$$
$$= \frac{1}{3}(1^3 - 0.5^3) \qquad \text{(1.8) もどき}$$

などと，私たちが苦労のすえ求めた式 (5.13) と同じ結果を出して澄ましていたのです。

こんなことなら私たちも，余計な好奇心や闘争心は捨てて，微分の公式を逆方向から利用して，積分を処理することにすればよさそうなものです。

5.2 積分むきに公式集を作り直そう

微分と同じ公式，だけど……

この本のはじめのほうから，私たちは，微分をするときには 35 ページの表 1-1 に並べた公式を便利に利用しました。ただし，公式を無分別に利用したのではなく，それらの公式が成り立つ理由を，きちんと解明したりもしたのでした。

そして，いまは積分を利用する段階に入っています。積分は微分に輪をかけた強敵ですから，素手で立ち向かうというわけにはいかず，やはり，公式の助けを借りなければなりません。

まず，すぐに使える公式集は表 1-1 です。この表は微分のために作った公式集ですが，微分と積分は逆方向の演算ですから，表を逆方向にたどれば積分の公式集としても使えるのでした。ただし，積分の公式集として使ってみると，いくつかの難点が目につきます。

1 つめの難点は，やや使い勝手の悪い組み合わせがあることです。たとえば，表 1-1 では

$$x^n \quad \underset{\text{積分}}{\overset{\text{微分}}{\rightleftarrows}} \quad nx^{n-1}$$

となっていますが，積分のためにこの対応を利用するのであれば

$$x^n \xrightarrow{\text{積分}} \frac{1}{n+1}x^{n+1}$$

というように，いちいち換算しなければなりません。

2 つめの難点は，積分の公式集として使うには項目がやや不足していることです。たとえば $1/\sqrt{a^2 - x^2}$ を積分したい場合などは決して少なくないのに，そして，この形の積分は公式を使わないと困難なのに，表 1-1 には載せてありません。

このような理由で，表 1-1 と一部が重複することを許していただき，次ページの表 5-1 に積分のための公式を列挙しておきましたから，ご利用ください。なお，この公式は，反対方向に利用すれば，微分の公式として利用できることは，も

表 5-1　微積分公式集（積分を主役として）

$f(x)$	$\underset{\longleftarrow\ 微分}{\xrightarrow{積分}}$	$F(x)$
0		k（定数）
x^n		$\dfrac{1}{n+1}x^{n+1}$
$\dfrac{1}{x}$		$\log\lvert x\rvert$
e^x		e^x
a^x		$\dfrac{a^x}{\log a}$
$\sin x$		$-\cos x$
$\cos x$		$\sin x$
$\operatorname{cosec}^2 x$		$-\cot x$
$\sec^2 x$		$\tan x$
$\dfrac{1}{x^2+a^2}$		$\dfrac{1}{a}\arctan\dfrac{x}{a}$
$\dfrac{1}{x^2-a^2}$		$\dfrac{1}{2a}\log\left\lvert\dfrac{x-a}{x+a}\right\rvert$
$\dfrac{1}{\sqrt{a^2-x^2}}$		$\arcsin\dfrac{x}{a}$

ちろんです。

なお，この表では不定積分のときに付着する積分定数（38–40ページ）は省略してありますから，ご注意ください。たとえば，$\sin\theta$ を θ について積分すれば

$$\int \sin\theta\,\mathrm{d}\theta = -\cos\theta + C \quad (C\ は積分定数)$$

であり，学科試験でこの C を忘れるとバツを付けられたり，自然現象や社会現象を解明していく途中でこの C を忘れると，理屈のつじつまが合わなくなったりするおそれがありますから，要注意です。

それでは，積分の公式集「表 5-1」を頼りに（326 ページの三角関数の公式も使いますが），基本的な積分の練習をしてみましょうか。

なるほどの実例 5-1

(1) $\displaystyle\int \frac{1}{x^2}\mathrm{d}x$ を求めてください。

(2) $\displaystyle\int x\sqrt{x}\,\mathrm{d}x$ は，どうですか。

(3) $\displaystyle\int \cos\theta\,\mathrm{d}\theta$ を，どうぞ。

(4) $\displaystyle\int \cos^2\frac{\theta}{2}\,\mathrm{d}\theta$ は，どうなるでしょう。

【　答え　】（1），（2）x の分数式や根号は，とにかく x のベキ乗に直してください。そうすれば，もう終わったも同然です。

$$\int \frac{1}{x^2}\mathrm{d}x = \int x^{-2}\mathrm{d}x = \frac{1}{-1}x^{-1} + C = -\frac{1}{x} + C$$

…（1）の答え

$$\int x\sqrt{x}\,\mathrm{d}x = \int x\cdot x^{\frac{1}{2}}\mathrm{d}x = \int x^{\frac{3}{2}}\mathrm{d}x = \frac{2}{5}x^{\frac{5}{2}} + C$$

…（2）の答え

（3）　公式を使うだけなので，ばからしいような問題です。

$$\int \cos\theta\,\mathrm{d}\theta = \sin\theta + C$$

…（3）の答え

(4)　この問題を解くには，三角関数を運算する知識が必要になります。326 ページにある「三角関数の公式」を参照しながら，付き合ってください。

$$\int \cos^2 \frac{\theta}{2} \mathrm{d}\theta = \int \frac{1 + \cos\theta}{2} \mathrm{d}\theta$$

$$= \frac{1}{2} \int (1 + \cos\theta) \mathrm{d}\theta = \frac{1}{2}(\theta + \sin\theta) + C$$

… **(4) の答え**

お疲れさまでした。 ■

いろいろな例題を見ていただきましたが，積分の問題は，与えられた式を積分可能な形に誘導できるかどうかに勝負がかかっているようです。そして，そのためには，積分しやすい関数の形を，ときどき，積分の公式集などを眺めながら，頭の中に定着させておくことが肝心なように思われます。

5.3 関数の和や差は各個に積分

各個撃破戦法ふたたび

いくつかの関数が $+$ や $-$ で連なった関数を積分するには，それぞれの関数を各個に積分するだけですみます。たとえば

$$\int (x^n + e^x - \sin x) \mathrm{d}x = \int x^n \mathrm{d}x + \int e^x \mathrm{d}x - \int \sin x \ \mathrm{d}x$$

$$= \frac{1}{n+1}x^{n+1} + e^x + \cos x + C \tag{5.14}$$

というようにです。

このとき，各項のそれぞれに積分定数を付けて

$$\frac{1}{n+1}x^{n+1} + C_1 + e^x + C_2 + \cos x + C_3$$

としても結構ですが，3 つの積分定数を合計して，1 個の C で間に合わせておくほうがスマートでしょう。

もう一つの例を見てください。こんどは定積分で，

$$\begin{aligned} &\int_1^2 (3x+1)(x-1)\mathrm{d}x \\ &= \int_1^2 (3x^2-2x-1)\mathrm{d}x \\ &= [x^3 - x^2 - x]_1^2 = (8-4-2) - (1-1-1) \\ &= 2+1 = 3 \end{aligned} \tag{5.15}$$

というぐあいです。やさしすぎて，おもしろくもなんともありませんね。

ちょっと証明を

ところで，「関数の和や差は，各個に積分できる」などと，なぜ，信じられるのでしょうか。それは，関数の和や差の微分は，それぞれの関数の微分の和や差に等しい，すなわち

$$\boxed{(u \pm v)' = u' \pm v'} \qquad \text{(3.5) と同じ}$$

だからであり，この関係が成立することは，図 3-1（89 ページ）によって明らかにされているのでした。したがって，左辺を積分してもとの関数 $(u \pm v)$ に戻すには，右辺の各項をそれぞれ積分すればいい理屈なのです。

この関係を，微分のときと形を揃えて書くと

$$\boxed{\int \{f(x) \pm g(x)\} \mathrm{d}x = \int f(x) \mathrm{d}x \pm \int g(x)\, \mathrm{d}x} \tag{5.16}$$

あるいは

$$\boxed{\int (u \pm v)\, \mathrm{d}x = \int u\, \mathrm{d}x \pm \int v\, \mathrm{d}x} \tag{5.17}$$

という，えらそうな式になるのであります。

＼ちょこっと／練習 5-1

お手数ですが

$$\int \frac{x^2 + 1}{x}\, \mathrm{d}x$$

を計算していただきたいのです。答えは 193 ページにあります。

［ヒントはこちら→］ 積分の中身を

$$\frac{x^2 + 1}{x} = \frac{x^2}{x} + \frac{1}{x}$$

だと考えてください。あとは,「和の積分は，積分の和」というルールどおりです。

5.4 部分積分で関数の積を一網打尽

積の微分の思わぬ副産物

2つ以上の関数が掛け合わされている関数を積分するのは，なかなかの難題です。ふつうの演算手段では，できないことも少なくありません。ただし，非常に有効な手段がありますので，まず，それを見ていただきます。

関数の和や差を積分する方法を知る手がかりを，和や差の微分に求めたように，関数の積を積分する方法の手がかりを，積の微分に求めてみましょう。積の微分の公式は

$$\frac{\mathrm{d}}{\mathrm{d}x}\{f(x)g(x)\} = f'(x)g(x) + f(x)g'(x) \qquad (3.7)\ \text{と同じ}$$

でした。目の疲労防止のために，これを

$$\frac{\mathrm{d}}{\mathrm{d}x}(fg) = f'g + fg' \tag{5.18}$$

と略記することを，ご了承ください。

この式の両辺を x で積分してみましょう。左辺は fg を微分したものですから，積分すれば fg に戻って

$$fg = \int f'g\,\mathrm{d}x + \int fg'\,\mathrm{d}x \tag{5.19}$$

となります。移項すると

$$\boxed{\int fg'\,\mathrm{d}x = fg - \int f'g\,\mathrm{d}x} \tag{5.20}$$

という関係が現れます。この関係は，一部分だけの積分が実行されるにすぎない（右辺にまだ積分が残っている）ので，**部分積分**（ぶぶんせきぶん）といわれます。

この関係が，思いのほかに役に立つのです。fg' が直接には積分できなくても，$f'g$ が積分できさえすれば，式 (5.20) によって，結果的には fg' の積分ができてしまうからです。実例を見ていただきましょう。

$$\int x \cdot \cos x\,\mathrm{d}x \tag{5.21}$$

の積分は，x と $\cos x$ の積になっているので，どこから手をつけていいのやら，見当がつきません。そこで，部分積分です。そのために

$$\cos x = (\sin x)' \tag{5.22}$$

であることを思い出して

$$\int x \cdot \cos x\,\mathrm{d}x = \int x(\sin x)'\,\mathrm{d}x \tag{5.23}$$

とおき，式 (5.20) のお世話になりましょう。

$$\left.\begin{array}{l} \int f \quad g' \quad \mathrm{d}x = f \quad g \quad - \int f' \quad g \quad \mathrm{d}x \\ \quad\downarrow \quad \downarrow \qquad\qquad \downarrow \quad \downarrow \qquad\quad \downarrow \quad \downarrow \\ \int x \cdot \cos x\,\mathrm{d}x = x \cdot \sin x - \int 1 \cdot \sin x\,\mathrm{d}x \end{array}\right\} \tag{5.24}$$

$$= x\sin x + \cos x + C \tag{5.25}$$

というぐあいです。拍手……。

　これなどは

$$fg' = x \cdot \cos x$$

の原始関数は容易には見つからないけれど

$$f'g = 1 \cdot \sin x$$

の原始関数なら，すぐに見つかるという，典型的な例の 1 つでした。

変わった積分をやりとげる

　もっと，おもしろい例を見ていただきましょう。

$$\int \log x \, \mathrm{d}x \tag{5.26}$$

です。$\log x$ の積分は，積分の公式集にもめったに載っていないので，困ることも少なくありません。ところが，これは部分積分のユニークな題材のひとつなのです。

　まず，$\log x$ を $\log x \times 1$ とみなして

$$\left.\begin{aligned} f &= \log x \\ g' &= 1 \end{aligned}\right\} \tag{5.27}$$

とおきます。そうすると

$$\left.\begin{aligned} f' &= \frac{1}{x} \\ g &= x \end{aligned}\right\} \tag{5.28}$$

ですから，部分積分の公式 (5.20) を利用すると，たちまち

$$\int \log x \, \mathrm{d}x = x \log x - \int \frac{x}{x} \, \mathrm{d}x = x \log x - x + C \quad (5.29)$$

となって，積分が完了します。これも，「拍手」ですね。

なし崩しの妙技

もうひとつ，応用範囲が広そうな部分積分の適用例も，見ていただこうと思います。

$$\int x^2 \sin x \, \mathrm{d}x \tag{5.30}$$

を，部分積分によって積分してみましょう。

$$\left.\begin{aligned} f &= x^2 \\ g' &= \sin x \end{aligned}\right\} \tag{5.31}$$

したがって

$$\left.\begin{aligned} f' &= 2x \\ g &= -\cos x \end{aligned}\right\} \tag{5.32}$$

として，式 (5.20) を適用していきます。

$$\int x^2 \sin x \, \mathrm{d}x = -x^2 \cos x + \int 2x \cdot \cos x \, \mathrm{d}x \tag{5.33}$$

つづいて

$$\left.\begin{aligned} f &= 2x & \therefore f' &= 2 \\ g' &= \cos x & \therefore g &= \sin x \end{aligned}\right\} \tag{5.34}$$

として式 (5.33) の第 2 項を部分積分すれば

$$\int 2x \cdot \cos x \, \mathrm{d}x = 2x \cdot \sin x - \int 2 \sin x \, \mathrm{d}x$$
$$= 2x \cdot \sin x + 2 \cos x \qquad (5.35)$$

となりますから，これを式 (5.33) に代入すれば

$$\int x^2 \sin x \, \mathrm{d}x = -x^2 \cos x + 2x \sin x + 2 \cos x + C \quad (5.36)$$

となって，作業完了です。

この作業の経過を振り返ってみると，式 (5.30) では三角関数にへばりついていた x^2 を，式 (5.33) で部分積分を使って $2x$ に格下げし，さらに式 (5.35) で部分積分を使ってただの 2 に格下げすることによって，単純な三角関数の積分に帰着させてしまいました。

このように，式 (5.20) を 1 回使うごとに関数の複雑さを 1 段ずつ格下げしてゆき，なし崩しに積分を完了できる効果も，部分積分の特長の 1 つなのです。

5.5 関数の商を積分するには……？

割り算はやっぱりむずかしい

恐れ入りますが，100 ページあたりを，ちらっと見ていただけませんか。ごみごみした数式がのさばっていて，胸が悪くなりそうです。そこは，関数の商の微分を取り扱った箇所だったのです。商というものは，どうも一筋縄ではいきま

せん。

積分の場合についても同様で，決め手になるような，うまい方法がないのが残念です。

ただし，一筋の光明があります。ずっと前に，微分の定石のところで

$$\frac{\mathrm{d}}{\mathrm{d}x}\log f(x) = \frac{f'(x)}{f(x)} \qquad \text{(3.56) と同じ}$$

という関係（対数微分法）が見つけられているからです。ということは，なんとかして，与えられた関数を

$$\frac{f'(x)}{f(x)}$$

の形で表せれば

$$\int \frac{f'(x)}{f(x)}\,\mathrm{d}x = \log f(x) + C \tag{5.37}$$

というぐあいに，積分ができるではありませんか。

1つの例として

$$\int \frac{x^2}{x^3+1}\,\mathrm{d}x \tag{5.38}$$

を実行してみましょう。まず，式 (5.38) を少しだけ変形して

$$\frac{1}{3}\int \frac{3x^2}{x^3+1}\,\mathrm{d}x \tag{5.39}$$

とします。そうすると

$$f(x) = x^3 + 1 \tag{5.40}$$

とみなせば，あんばいよく

$$f'(x) = 3x^2 \tag{5.41}$$

となり，式 (5.37) がそのまま使えます。すなわち

$$\int \frac{x^2}{x^3+1}\,\mathrm{d}x = \frac{1}{3}\int \frac{3x^2}{x^3+1}\,\mathrm{d}x = \frac{1}{3}\log(x^3+1) + C \tag{5.42}$$

という次第です。

当然ことながら，表 5-1 の積分公式の 1 つ

$$\frac{1}{x} \xrightarrow{\text{積分}} \log|x|$$

は，式 (5.37) で $f(x) = x$ とおいたものになっています。

多項式どうしの商は，こう積分する

分数式ではなく，また $\sqrt{\ }$ の付いた変数がないような代数式を多項式といいますが，分子も分母も多項式である商を，式 (5.37) を利用して積分するには，楽しい方法があります。

では，実例を見ていただきましょう。

$$\int \frac{4x^2+15x-1}{x^3+2x^2-5x-6}\,\mathrm{d}x \tag{5.43}$$

という積分を実行してみます。まず，分母の多項式を因数分解します。

$$\frac{4x^2+15x-1}{x^3+2x^2-5x-6} = \frac{4x^2+15x-1}{(x+1)(x-2)(x+3)} \tag{5.44}$$

です。この形の式は，必ず

$$\frac{4x^2+15x-1}{(x+1)(x-2)(x+3)} = \frac{L}{x+1} + \frac{M}{x-2} + \frac{N}{x+3} \tag{5.45}$$

の形に分解することができます。この L, M, N を求めるために

$$\begin{aligned}
&= \frac{L(x-2)(x+3)+M(x+1)(x+3)+N(x+1)(x-2)}{(x+1)(x-2)(x+3)} \\
&= \frac{x^2(L+M+N)+x(L+4M-N)-6L+3M-2N}{(x+1)(x-2)(x+3)}
\end{aligned} \tag{5.46}$$

と変形します。この分子を式 (5.43) の中の分子と比較すると

$$\left.\begin{aligned}
L+M+N&=4 \\
L+4M-N&=15 \\
-6L+3M-2N&=-1
\end{aligned}\right\} \tag{5.47}$$

であるはずです。そこで，この連立方程式を解くと

$$\left.\begin{aligned}
L&=2 \\
M&=3 \\
N&=-1
\end{aligned}\right\} \tag{5.48}$$

が求まります。こうして

$$\frac{4x^2+15x-1}{(x+1)(x-2)(x+3)} = \frac{2}{x+1} + \frac{3}{x-2} - \frac{1}{x+3} \tag{5.49}$$

であることが判明しました。このような操作を**部分分数**に分解するといいます。

私たちは，式 (5.43) を積分しようとしているところでした。その関数を部分分数に分解することに成功したので，式 (5.43) は

$$\int \frac{4x^2+15x-1}{(x+1)(x-2)(x+3)}\,\mathrm{d}x$$
$$= \int \frac{2}{x+1}\,\mathrm{d}x + \int \frac{3}{x-2}\,\mathrm{d}x - \int \frac{1}{x+3}\,\mathrm{d}x \quad (5.50)$$

と変わりました。

こうなれば，しめたものです。関数の商を積分するための唯一の公式 (5.37) が，ぴったりと適用できます。すなわち，式 (5.50) につづけて

$$= 2\log(x+1) + 3\log(x-2) - \log(x+3) + C \quad (5.51)$$

というわけです。ばんざい！

なお，表 5-1 の積分公式の 1 つ

$$\frac{1}{x^2-a^2} \xrightarrow{\text{積分}} \frac{1}{2a}\log\left|\frac{x-a}{x+a}\right|$$

は，原式を部分分数

$$\frac{1}{x^2-a^2} = \frac{1}{2a}\left(\frac{1}{x-a} - \frac{1}{x+a}\right)$$

に分解してから，積分を実行した結果であることを付記しておきましょう。

分子の次数が高いときの定石

いまの例では，積分される関数の分母は x の 3 次式，分子

は x の 2 次式でした。しかし，分子と分母の次数が同じであっても，あるいはまた分子のほうの次数が高くても，心配は不要です。

1 つだけ，ごく簡単な例をご紹介しましょう。

$$\int \frac{x^2+x-1}{x-1}\,\mathrm{d}x \tag{5.52}$$

を計算してみます。

まず，積分される関数の割り算を実行すると，下の筆算のように

$$\frac{x^2+x-1}{x-1} = x+2+\frac{1}{x-1} \tag{5.53}$$

となります（$4/3 = 1+1/3$ とやるように，帯分数を作ると考えればいいでしょう）。それなら式 (5.52) の積分は

$$\begin{array}{r} x+2 \\ x-1 \overline{\big) x^2+x-1} \\ \underline{x^2-x} \\ 2x-1 \\ \underline{2x-2} \\ 1 \end{array}$$

割り算を実行する

$$\begin{aligned}
&\int \frac{x^2+x-1}{x-1}\,\mathrm{d}x \\
&\quad = \int x\,\mathrm{d}x + \int 2\,\mathrm{d}x \\
&\qquad + \int \frac{1}{x-1}\,\mathrm{d}x \\
&\quad = \frac{1}{2}x^2 + 2x + \log(x-1) + C
\end{aligned} \tag{5.54}$$

というぐあいに進行し，積分定数 C を忘れたりしなければ，合格です。

5.6
置換積分という秘策もあります

100 乗でも大丈夫！

いきなり例題です。

$$\int (3x+1)^{100}\,\mathrm{d}x \tag{5.55}$$

の積分を実行してください。

まさかと思いますが，$(\quad)^{100}$ を展開して $3^{100}x^{100}$ 以下 101 項にも及ぶ長い式を作り，ひとつひとつを x で積分しようなどとなさる方は，おられないでしょう。こういうときは，新しく t という文字をもち出して

$$t = 3x + 1 \tag{5.56}$$

とおいてください。107 ページで $(\quad)^{100}$ を微分したときと同様に，です。

そうすると，式 (5.56) の両辺を x で微分すれば

$$\frac{\mathrm{d}t}{\mathrm{d}x} = 3 \tag{5.57}$$

なので

$$\mathrm{d}x = \frac{1}{3}\mathrm{d}t \tag{5.58}$$

と書くことができます。118 ページで，$\mathrm{d}x$ や $\mathrm{d}t$ をふつうの

文字のように扱うのは，考え方としては問題があるけれど，形式的にはつじつまが合っていると述べたように，です。

そこで，式 (5.56) と (5.58) を式 (5.55) に代入すれば，私たちの例題は

$$\int (3x+1)^{100}\,\mathrm{d}x = \int t^{100} \cdot \frac{1}{3}\,\mathrm{d}t = \frac{1}{3}\int t^{100}\,\mathrm{d}t \quad (5.59)$$

となりますから，この積分を実行すると

$$= \frac{1}{3}\frac{1}{101}t^{101} + C = \frac{1}{303}(3x+1)^{101} + C \quad (5.60)$$

という答えに到達します。

いまの積分の過程では，式 (5.56) によって，与えられた問題の中の $(3x+1)$ を新しい変数 t に置き換えています。それにちなんで，このような積分の方法は**置換積分**と呼ばれています。チカンという語感とは裏腹に，ずいぶん役に立つ積分の技法です。

Column 11

置換積分の，もう 1 つの使い方

置換積分は，上の式 (5.55) のような複雑な積分を行うにも便利ですし，つぎのような，単純だけれど，一見おやっと思うような積分にも使えます。

$$\int \cos\frac{\theta}{2}\,\mathrm{d}\theta$$

この積分を行うのに，いちいち「半角の公式（326 ページ）を使うのかな」などと考えをめぐらす必要はありません。θ を，新しい変数 t

$$t = \frac{\theta}{2}$$

に置き換えていただければ，万事解決です。上式の両辺を θ で微分すれば

$$\frac{\mathrm{d}t}{\mathrm{d}\theta} = \frac{1}{2} \quad \text{ゆえに} \quad \mathrm{d}\theta = 2\,\mathrm{d}t$$

ですから，

$$\begin{aligned}\int \cos\frac{\theta}{2}\,\mathrm{d}\theta &= \int \cos t \cdot 2\,\mathrm{d}t \\ &= 2\int \cos t\,\mathrm{d}t = 2\sin t + C = 2\sin\frac{\theta}{2} + C\end{aligned}$$

というように，すらすらと計算が進むことでしょう。運算の最後に，はじめの変数 θ に戻しておくのをお忘れなきよう……。

置換積分を利用する例題を 2 つばかり，見ていただきましょう。

なるほどの実例 5-2

(1) $\displaystyle\int \frac{x}{\sqrt{x+1}}\,\mathrm{d}x$ を求めてください。

(2) $\displaystyle\int \frac{e^{2x}}{e^x+1}\,\mathrm{d}x$ を計算してください。

【　答え　】(1) $\sqrt{}$ の中に x の多項式が入っている関数を積分するときには，その関数を t とおくのが常套手段です。

$x+1=t$ とします。そうすると $x=t-1$，$\mathrm{d}x/\mathrm{d}t=1$ な

ので

$$\int \frac{x}{\sqrt{x+1}}\,\mathrm{d}x = \int \frac{t-1}{\sqrt{t}}\,\mathrm{d}t = \int (t^{\frac{1}{2}} - t^{-\frac{1}{2}})\,\mathrm{d}t$$
$$= \frac{2}{3}t^{\frac{3}{2}} - 2t^{\frac{1}{2}} + C = \frac{2}{3}t^{\frac{1}{2}}(t-3) + C$$
$$= \frac{2}{3}\sqrt{x+1}(x-2) + C \quad \cdots \textbf{(1) の答え}$$

(2) $e^x = t$ とおきましょう。そうすると，e^x は x で微分しても姿が変わりませんから

$$\frac{\mathrm{d}t}{\mathrm{d}x} = e^x \quad \text{ゆえに} \quad \mathrm{d}t = e^x\mathrm{d}x$$

です。例題の関数の分子は e^{2x} ですが，これは $e^x \times e^x$ のことですから，うまいぐあいに

$$\int \frac{e^{2x}}{e^x+1}\,\mathrm{d}x = \int \frac{e^x}{e^x+1}e^x\,\mathrm{d}x = \int \frac{t}{t+1}\,\mathrm{d}t$$
$$= \int \left(1 - \frac{1}{t+1}\right)\mathrm{d}t = t - \log(t+1) + C$$
$$= e^x - \log(e^x+1) + C \qquad \cdots \textbf{(2) の答え}$$

となります。 ■

ひとこと，いわずもがなのことを付け加えさせていただきます。上の (2) の問題の答えは，「$e^x = t$ とおきましょう」で始まっていました。そのおかげですいすいと積分に成功したのですが，**そもそもなぜ，$e^x = t$ とおく気になったのでしょうか。**

いまは，たまたま置換積分を扱っている最中でしたから当然のように感じられたかもしれませんが，新しい積分の問題

が目の前に置かれたとき，上の置換のようなうまい手法が思いつかなくて，どこから手を付けるべきか迷うことは少なくありません。その点が，演算の道筋がわかりやすい微分と比べて，積分が嫌われる理由の１つでしょう。

それを克服する道は，ただ１つ……。

どの公式が利用できるかを見抜く洞察力と，公式を利用できる形に式を誘導する演算能力を磨く以外に，妙案はなさそうです。

＼ちょこっと／ 練習 5-1 **P178** **の答え**

結果のみ示します。

$$\int \frac{x^2+1}{x}\,\mathrm{d}x = \int \left(\frac{x^2}{x} + \frac{1}{x}\right)\mathrm{d}x = \int x\,\mathrm{d}x + \int \frac{1}{x}\,\mathrm{d}x$$
$$= \frac{1}{2}x^2 + \log|x| + C$$

第 6 章

積分のテクニック 応用編

身近な定積分

古代ギリシャではシエネと呼ばれた，エジプトのアスワン。夏至の日の正午，太陽が完全に真上に来ることで知られています。

6.1
身近な話題で定積分をものにする

前置きは最小限に

この章は，前の章のつづきのようなものですから，前置きは最小限にして，積分の話をつづけましょう。前の章では，不定積分を求めるためのあれこれを見ていただきましたが，この章では，なるべく身辺の題材を使いながら，定積分の具体例をごらんいただこうと思います。

日出づる処(ところ)は天気

さっそく始めます。東から昇って西へ沈む太陽は，私たちに惜しみなく陽光を降り注いでくれます。そして，その強さは日の出から日没までの間に，ほぼ図 6-1 のような正弦曲線(サインカーブ)を描いて変化すると考えられます。太陽の位置が低いうち

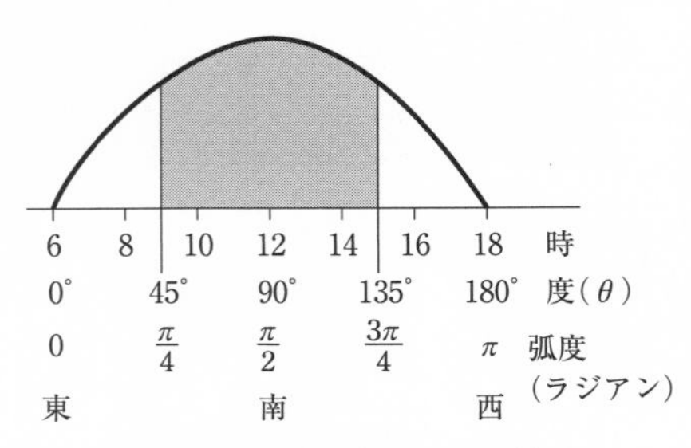

図 6-1　太陽の光は，こう注ぐ

は，光の束(たば)が斜めに注がれるので，地表の単位面積あたりに注がれる光の量が少なくなります。これに対して，太陽が真上に来れば，光の束が直角に注がれて，単位面積あたりに受ける光の量が多くなり，サンサンと光を浴びることができます。

ただし，日本では正午でも太陽が真上に来ることはありません。ここでは簡単のため，エジプトのような外国で話をしていると思ってください。もっとも，日本でも正午の太陽の高さがいくらか低いだけで，話のすじ道は変わりません。

そして，私たちの関心は，朝夕や日中の各時間帯に受ける太陽光の量に向かいます。それらは，健康や肌の日焼けに大きく影響すると考えられるからです。

そこで，日の出が 6 時，日没が 18 時という標準的な 1 日について，たとえば，6〜8 時とか，9〜15 時というような各時間帯ごとに，降り注ぐ太陽光の積算量の割合を求めてみることにしました。お付き合いください。なお，大気による光の拡散の影響など，余計なことは考えないことにしましょう。

まず，一日中に降り注ぐ太陽光の総量は，図 6-1 の正弦曲線のひと山に囲まれる面積により表され，その値は，どなたが考えても

$$\begin{aligned}\int_0^{\pi} \sin\theta \, d\theta &= \big[-\cos\theta\big]_0^{\pi} \\ &= -\cos\pi - (-\cos 0) \\ &= -(-1) - (-1) = 1 + 1 = 2 \end{aligned} \qquad (6.1)$$

です。すなわち，正弦曲線のひと山の面積は 2 なのです。そして，これを 6 時から 18 時の間に降り注ぐ太陽の光の総量と考えましょう。

では，この中で，ちょうど半分の真っ昼間の時間，9 時〜15 時の間に降り注ぐ光の量は，どのくらいの割合を占めているのでしょうか。

9 時〜15 時は，方位の角度でいえば，$\pi/4$〜$3\pi/4$ ですから，その間に含まれる正弦曲線の面積（図に薄ずみを塗った面積）は

$$\int_{\frac{\pi}{4}}^{\frac{3\pi}{4}} \sin\theta\,\mathrm{d}\theta = \Big[-\cos\theta\Big]_{\frac{\pi}{4}}^{\frac{3\pi}{4}} = -\cos\frac{3\pi}{4} + \cos\frac{\pi}{4} = 2\cos\frac{\pi}{4} \tag{6.2}$$

です。したがって，この面積が正弦曲線ひと山の面積（$= 2$）の中に占める割合は

$$\frac{2\cos\dfrac{\pi}{4}}{2} = \cos\frac{\pi}{4} \tag{6.3}$$

となっています。

数学の問題に対する解答としては，これでひとまず完結なのですが，私たちの生活感覚からいえば，これでは，この面積の割合が全体のなんパーセントくらいなのか見当がつかず，欲求不満です。そこで，当座に必要な sin と cos の値を表 6-1 に並べておきました。

この表を見ると，$\cos\pi/4 = \sqrt{2}/2$，つまり約 0.707 です。したがって，式 (6.3) で求めた私たちの値，すなわち，一日中に降り注ぐ太陽光の全量のうち，9 時〜15 時の間に降り注

表 6-1　三角関数の値の一部

度	ラジアン	sin	cos
$0°$	0	0.000	1.000
$15°$	$\pi/12$	0.259	0.966
$30°$	$\pi/6$	0.500	$0.866(=\sqrt{3}/2)$
$45°$	$\pi/4$	$0.707(=\sqrt{2}/2)$	$0.707(=\sqrt{2}/2)$
$60°$	$\pi/3$	$0.866(=\sqrt{3}/2)$	0.500
$75°$	$5\pi/12$	0.966	0.259
$90°$	$\pi/2$	1.000	0.000

ぐ光の量の割合は，約 70.7%であることがわかりました。

ところで，ここではたまたま $\cos\pi/4=\sqrt{2}/2$ という三角関数の具体的な数値が判明しましたが，それは cos の中身が $\pi/4$ などという特別な場合に限られます。そうでない角度（たとえば $\pi/7$ など）の場合，三角関数の具体的な数値を数学力だけで計算するのは，たいへんな手間がかかります。のちほど，第 7 章の 271 ページで，その実例を見ていただきます。

日光の半分が集中する時間帯

ついでですから，正午を中心とするなん時間のうちに，1 日ぶんの太陽光の半分が降り注ぐかも計算してみましょう。

正弦曲線のひと山の面積は，式 (6.1) によって 2 でしたから，私たちに課せられたテーマは，山の中央に面積が 1 になるような区間を切り取ることです。つまり，山の中央から右と左へ 1/2 ずつの面積を切り取ればいいわけです。

そこで，山の中央から片方へ x の幅を切り取り，その面積を 1/2 にしてやりましょう。つまり

$$\int_{\frac{\pi}{2}}^{\frac{\pi}{2}+x} \sin\theta \, \mathrm{d}\theta = \frac{1}{2} \tag{6.4}$$

となるような x を見つけてやればよいのです。この積分を実行すると

$$= \Big[-\cos\theta \Big]_{\frac{\pi}{2}}^{\frac{\pi}{2}+x} = -\cos\left(\frac{\pi}{2}+x\right) + \cos\frac{\pi}{2}$$

となりますが，右辺第 2 項の $\cos\pi/2$ はゼロですから捨て去り，第 1 項に三角関数の加法定理（326 ページ）を適用すると

$$= -\cos\left(\frac{\pi}{2}+x\right) = -\underbrace{\cos\frac{\pi}{2}}_{0}\cos x + \underbrace{\sin\frac{\pi}{2}}_{1}\sin x = \sin x \tag{6.5}$$

となります。そして，式 (6.4) によって，これが 1/2 なのですから

$$\sin x = \frac{1}{2} \quad \text{ゆえに} \quad x = \frac{\pi}{6} \tag{6.6}$$

という答えに到達しました。

では，196 ページの図 6-1 をごらんください。正午を中心に $\pi/6$，すなわち 30° ずつずれた時刻は 10 時と 14 時です。したがって，私たちの解析によれば，10 時から 14 時までの 4 時間の間に，1 日の日照量の半分にあたる陽光が降り注いでいるということがわかりました。

このように，自然科学や社会科学で実際に積分が使われるときには，定積分の値を計算することになるのが，ふつうです。「不定積分は，定積分の値を求めるための基礎」という見方も，できるかもしれません。

6.2
ゾウリムシの面積を求めてみよう

「スリッパ微小動物」?

くどいようですが，積分の主な目的は面積を求めることです。

もっとも，ただ単に面積を求めたいのではなく，自然界や人間社会のいろいろな事柄を知りたいというのが，私たちの本来の動機であることが少なくありません。そして，知りたい事柄がグラフ上の面積として表されるときに，積分が有力な手段になってくれるのでした。

重中義信『原生動物図鑑』（猪木正三監），p.723，講談社（1981）より

そのせいもあって，積分される面積は，いつも，変数を表す曲線と横軸の間にはさまれた領域の面積ばかりだったように思います。

そこで，こんどは趣向を変えて，変わった図形の面積を求めてみることにしましょう。図 6-2 をごらんください。そこには

$$y = x^2 \tag{6.7}$$

$$y = \pm\sqrt{x} \tag{6.8}$$

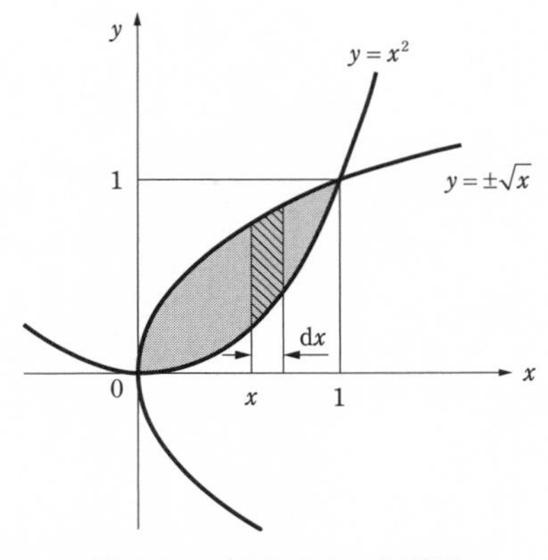

図 6-2　ゾウリムシの面積は

の 2 本の曲線に囲まれた，ゾウリムシのような図形が描かれています。

ゾウリムシは，ごく小さな原生動物ですが，英語でも “slipper animalcule” といわれるように，誰が見ても，ゾウリかスリッパのように感じるところが，ご愛嬌です。

animal は動物，cule は「小さい」という意味なので，animalcule は微小動物のことだそうです。

では，この面積を求めていきましょう。まず，この図形を図 6-2 のように x の位置で，ごく小さな幅 $\mathrm{d}x$ で切り取ります。x の位置では

$$
\begin{aligned}
&\text{図形の上端が} \quad \sqrt{x} \\
&\text{図形の下端が} \quad x^2
\end{aligned}
$$

ですから，切り取られた細長い図形の面積は

$$(\sqrt{x} - x^2)\,\mathrm{d}x$$

です。ならば，この面積を x 軸方向に寄せ集めれば――積分すれば――ゾウリムシの全面積が求まる理屈です。横軸方向に見れば，寄せ集める範囲は，式 (6.7) と式 (6.8) で表される 2 曲線の 2 つの交点

$$\begin{cases} x = 0 \\ y = 0 \end{cases} \quad と \quad \begin{cases} x = 1 \\ y = 1 \end{cases}$$

の間です。したがって，x について積分するなら，積分の範囲は 0〜1 とすればいいのです。

さっそく，ゾウリムシの面積を求めるための積分を実行していきましょう。

$$\int_0^1 (\sqrt{x} - x^2)\,\mathrm{d}x = \left[\frac{2}{3}x^{\frac{3}{2}} - \frac{1}{3}x^3\right]_0^1 = \frac{1}{3} \tag{6.9}$$

と，なんの苦労もなくゾウリムシの面積を求めることに成功しました。

図 6-2 に見るように，縦と横がともに 1 の正方形が，ゾウリムシを中央にはさんで，仲よく 3 等分されているところが，愉快ではありませんか。

面積は出たものの

ところで，この節では，「関数を表す曲線と x 軸との間にはさまれた面積ばかりを求めているようでは能がない」という事情で，ちょっと趣向を変えてゾウリムシの面積を求めてみたのでした。

ところが，反省してみると，どうもその主旨は達成されていないようです。なぜかというと，図 6-3 に見るとおりです。つまり私たちは，「関数を表す曲線と x 軸にはさまれた面積」を 2 つ計算し，それらの差としてゾウリムシの面積を求めていたにすぎなかったのでした。

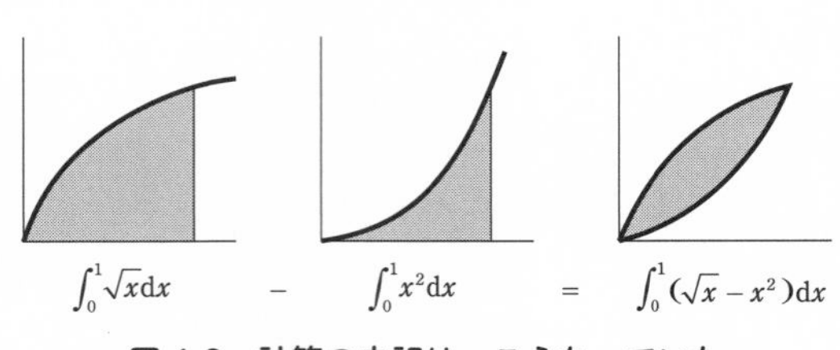

図 6-3　計算の内訳は，こうなっていた

6.3
座標系について，お耳を拝借

いろいろ便利な平面座標

私たちは，前節の積分ではどうしても x 軸の束縛から逃れられませんでした。その理由は，ただひとつ……。私たちが x–y 座標を使っていたから，いい換えれば，x 軸と y 軸を基準にして思考を進めていたからです。これでは，x 軸の束縛から逃れられるはずがありません。

この例に見るように，私たちは，x 軸と y 軸が直角に交わった座標に慣れ親しんでいるわけですが，ときには，それ以外の座標のほうが使いやすいことも少なくありません。そこで，よく利用されている各種の座標を図 6-4 に並べてみましたので，ごらんください。

上段に並んだ 3 種類は，平面上の現象を取り扱うための座標です。いちばん左は，もっとも馴染(なじ)みの深い**直交座標**(ちょっこうざひょう)（**直角座標**(ちょっかくざひょう)ともいう）で，2 つの軸（横軸を x 軸，縦軸を y

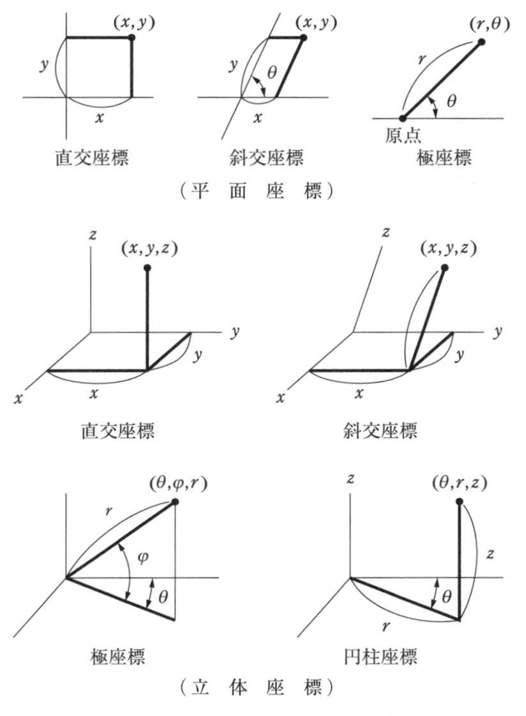

図 6-4　座標の取り方，さまざま

軸ということが多い）が直角に交わっているのが特徴です。座標上の点の位置は，その点をそれぞれ座標軸に平行に，x 軸上と y 軸上に投影した位置で表されることは，誰でもご存知のとおりです。

図上段の中央は，縦軸と横軸が直角ではなく，斜めに交わっているので，**斜交座標**（しゃこうざひょう）といわれます。

斜交座標は，直交座標を一般化したものですから，自由度が大きくて数学的にはおもしろそうですが，現実的には，あまり使われているとは思われません。なお，直交座標と斜交座標をいっしょにして，平行座標と呼んだりもします。

上段の右端は，**極座標**（きょくざひょう）です。これは，原点からの距離と基準線からの角度によって点の位置を表す方法で，円や回転体の解析には不可欠の座標です。つぎの節で，その便利さを実感していただく予定です。

ついでに立体の座標も

ついでですから，図 6-4 には，3 次元の空間における点の位置を表すための立体座標（直交座標，斜交座標，極座標，円柱座標*）も描いておきました。あとで，体積を積分で求めるときに必要ですから，ざっと眺めておいてください。

さて，平面座標のときは，点の位置は，原点や基準線からの距離や角度のうち，2 つの値を与えることによって確定できましたが，立体空間の中では，3 つの値を与えないと位置が確定できません。

---

* 立体の極座標のことを**球座標**（きゅうざひょう），円柱座標のことを**円筒座標**（えんとうざひょう）ともいいます。

3 次元の直交座標と斜交座標では，**3 つの距離**を決めることによって点の位置が確定します。また，極座標では**2 つの角度と 1 つの距離**によって，円柱座標では**1 つの角度と 2 つの距離**によって，座標内の点の位置が確定できる様子も見ておいてください。

6.4
円の面積もバッチリ求める

暗記に頼らない数学力

半径 a の円の面積が πa^2 であることは，誰でも知っています。しかし，πa^2 という公式は暗記させられたものにすぎず，自分で作り出す機会はめったにないでしょう。そこで，その，めったにない機会を差し上げようと思います。

まずは，どんくさい方法で始めます。お付き合いください。

以下 2 ページくらい，律儀（りちぎ）だけど，あまりスマートではない計算がつづきます。これは，あとで，もっとスマートな方法と比較していただくためのものですから，流し読みをしておいてください。

次ページの図 6-5 のように 4 等分したひときれの面積を求めて，あとで 4 倍するという方針です。x 軸上の点 x の位置に，限りなく小さい幅 $\mathrm{d}x$ をとります。円の方程式は，半径を a とすると，

$$x^2 + y^2 = a^2 \tag{6.10}$$

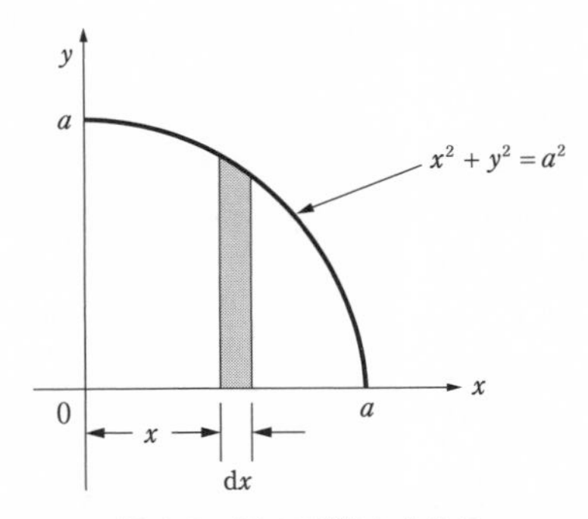

図 6-5　円の面積を求める

したがって，点 x の位置における y の値（高さ）は

$$y = \sqrt{a^2 - x^2} \tag{6.11}$$

であり，図 6-5 に薄ずみを施した面積は

$$\sqrt{a^2 - x^2}\,\mathrm{d}x$$

に限りなく近い値であることはすぐにわかります。

ならば，この面積を x が $0 \sim a$ の範囲で寄せ集めて 4 倍すると，円の面積になるはずです。すなわち，

$$\text{円の面積} = 4\int_0^a \sqrt{a^2 - x^2}\,\mathrm{d}x \tag{6.12}$$

さて，この形の積分を実行する定石は，新たな変数 t を

$$x = a\sin t \tag{6.13}$$

$$\mathrm{d}x = a\cos t \cdot \mathrm{d}t \tag{6.14}$$

と定めて，x の代わりに置き換えることです。この方法を置

換積分といって，第 5 章の 189 ページでご説明したのでした。このように置換すると

$$x \text{ が}\quad 0 \text{ から } a \text{ に変化}$$

するにつれて

$$t \text{ は}\quad 0 \text{ から} \pi/2 \text{ に変化}$$

することにも留意すれば，式 (6.12) は

$$= 4\int_0^{\frac{\pi}{2}} \sqrt{a^2 - a^2\sin^2 t}\cdot a\cos t\,\mathrm{d}t$$
$$= 4a^2\int_0^{\frac{\pi}{2}} \sqrt{1-\sin^2 t}\cdot\cos t\,\mathrm{d}t = 4a^2\int_0^{\frac{\pi}{2}} \cos^2 t\,\mathrm{d}t$$

となります。

ここで，三角関数の公式（326 ページ）を使うと

$$= 4a^2\int_0^{\frac{\pi}{2}} \frac{1+\cos 2t}{2}\,\mathrm{d}t = 2a^2\int_0^{\frac{\pi}{2}}\mathrm{d}t + 2a^2\int_0^{\frac{\pi}{2}}\cos 2t\cdot\mathrm{d}t$$
$$= 2a^2\left[t+\frac{1}{2}\sin 2t\right]_0^{\frac{\pi}{2}} = 2a^2\left\{\left(\frac{\pi}{2}+0\right)-(0+0)\right\} = \pi a^2 \tag{6.15}$$

というぐあいに，なんとか，円の面積が πa^2 であることが求められました。ああ，しんど……。

円は，丸いのです。その面積を直交座標を頼りに計算したところに無理があって，「ああ，しんど」となったのかもしれません。

Column 12

置換積分と積分区間

定積分で置換積分を利用する場合，積分区間が変わるということに注意してください（不定積分では，これを考える必要はありませんでした）。たとえば，上では $x = a\sin t$ とおいたときに

x が 0 から a に変化するにつれて　t は 0 から $\pi/2$ に変化する

ということに留意しています。もうひとつ例を挙げておきましょう。

クイズ： $\displaystyle\int_0^1 x\sqrt{1-x}\,\mathrm{d}x$ を計算してください。

$\sqrt{\ }$ の中に x の多項式が入っている関数を積分するときには，その多項式を t とおくのが常套手段です。$1 - x = t$（よって $-\mathrm{d}x = \mathrm{d}t$）とおくと

x が 0 から 1 に変化するにつれて　t は 1 から 0 に変化する

ということになります。この t を代入すると，問題の積分は

$$\int_1^0 (1-t)t^{\frac{1}{2}}\,(-\mathrm{d}t)$$

というふうになります。

このように，定積分で置換積分を行うと，形式的に積分の上端よりも下端のほうが値が大きいという妙な事態になることがあります。こういう場合でも，気にせずに定積分のルールにしたがって

$$\begin{aligned}\int_1^0 (1-t)t^{1/2}(-\mathrm{d}t) &= -\int_1^0 (t^{1/2} - t^{3/2})\,\mathrm{d}t \\ &= \left[-\frac{2}{3}t^{3/2} + \frac{2}{5}t^{5/2}\right]_1^0 = \frac{4}{15}\end{aligned}$$

と計算していただければ，正しい結果が出ます。

座標は便利がほうがいい

直交座標はしんどかったので，こんどは極座標を頼りに，円の面積を計算してみようと思います。

極座標とは，205 ページでは図 6-4 の右上に描きましたが，原点を中心にぐるぐる回る座標の角度 θ と，軸の上の距離 r という 2 つの量を使って，ある点の位置を表すという流儀です。見るからに，円を取り扱うにはもってこいの感じです。

図 6-6 を参照しながら話を進めましょう。まずは，円の中心から，どちらの方向を向いてもかまいませんから，1 本の基準線を引いてください。図では，右方向に引いてあります。そこから適当に θ の角度をとり，さらにそこから，限りなく小さい $\mathrm{d}\theta$ の角度をとります。

つぎには図のように，半径方向に適当に r の距離をとり，さらにそこから，限りなく小さい $\mathrm{d}r$ の距離をとると，限りなく小さな区域（図で薄ずみ）が切り出されます。その小さな区域の大きさは，半径方向には $\mathrm{d}r$，円周方向には $r \cdot \mathrm{d}\theta$

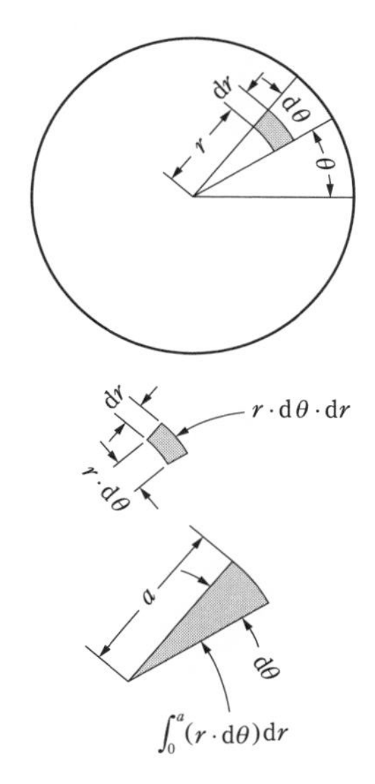

図 6-6　もっとスマートに

ですから，面積は

$$\text{小さな区域の面積} = r \cdot \mathrm{d}\theta \cdot \mathrm{d}r \tag{6.16}$$

です。図の中央に描いてあるようにです。

つぎに，この小さな面積を半径方向に寄せ集めると，図のいちばん下に描いたような細長い扇形になりますが，その面積は

$$\int_0^a (r \cdot \mathrm{d}\theta)\,\mathrm{d}r = \left\{\int_0^a r\,\mathrm{d}r\right\}\mathrm{d}\theta = \left[\frac{1}{2}r^2\right]_0^a \mathrm{d}\theta = \frac{1}{2}a^2 \cdot \mathrm{d}\theta \tag{6.17}$$

です。

つづいて，この面積を全周方向にわたって寄せ集めれば，完了です。

$$\int_0^{2\pi} \frac{1}{2}a^2\,\mathrm{d}\theta = \left[\frac{1}{2}a^2\theta\right]_0^{2\pi} = \pi a^2 \tag{6.18}$$

このように，極座標のおかげをもって，鮮やかに円の面積 πa^2 が求まる次第です。

増殖するミミズの群れ

この節では，初めて極座標を利用しましたが，実は，初モノがもうひとつあったのです。私たちは，式 (6.17) で細い扇形の面積を求め，つづいて，式 (6.18) によって扇形の面積を集計して円の面積を求めたのでした。この 2 つの演算をまとめて書けば

$$S = \int_0^{2\pi} \left\{\int_0^a r\,\mathrm{d}r\right\}\mathrm{d}\theta \tag{6.19}$$

という演算をしていたことになります。このようなとき，式 (6.19) の{　}を省略して

$$S = \int_0^{2\pi} \int_0^a r \, \mathrm{d}r \, \mathrm{d}\theta \tag{6.20}$$

と書くのがふつうなのです。

このように，ミミズのような積分記号が二重になった積分は**2重積分**（にじゅうせきぶん）といわれますが，見るからに高級そうではありませんか。

6.5 球の体積なら 3 重積分の出番

もっと増殖するミミズの群れ

ミミズ 2 本くらいでは驚かない方に，ミミズ 3 本の例題を差し上げます。球の体積を求めてみようというのです。ただし，積分の問題というより，立体パズルの気配が濃厚です。

ご記憶の方もいらっしゃるでしょうが，半径 r の球の体積については

$$\frac{4}{3}\pi r^3$$

という公式があり，これを「身（3）の上に心（4）配（π）あ（r）るうえ参（3）上（乗）しました」と暗記する人もいます。以下では，r という文字は積分変数として使ってしまうので，半径 r の代わりに半径 a の球を考えますが，ご了承ください。

まず，直径 a の球の中心を通る基準平面を決めてください。地球でいうならば，赤道面を基準にするのがよさそうです。さらに，基準平面上にその中心を通る基準方向も決めていただきます。そして，基準方向から基準平面上を φ だけ回った位置で，球の中心まで届くようにざっくりと，$\mathrm{d}\varphi$ の小さい角度を切り取ってください。ちょうど，ごく薄いスイカのひときれを切り出すようにです。

切り取ったばかりのスイカのひときれから，つぎには，基準平面から上方へ θ だけ回った位置で，ごく小さい $\mathrm{d}\theta$ の角度を切り取ると，ごく細い四角錐ができ上がります。つづいて，その中心から，つまり四角錐の頂点から r の位置でごく小さい $\mathrm{d}r$ の長さを切り取ります。そうすると，図 6-7 の中に薄ずみを施した小さな六面体が切り出されるはずです。

この小さな六面体の寸法は，つぎのとおり……。まず，球

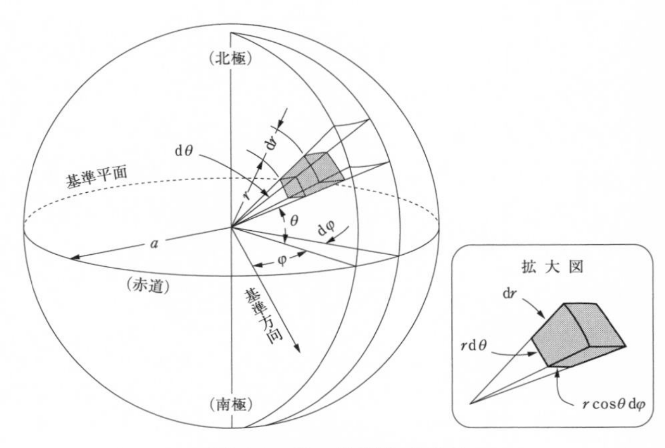

図 6-7　球の体積を求める

の半径方向には，$\mathrm{d}r$ です。それは図の右下に付記した拡大図に見るとおりです。

そして，θ 方向には $r \cdot \mathrm{d}\theta$ です。半径 r のところで $\mathrm{d}\theta$ の角度に切り取ったからです。頂角が $\mathrm{d}\theta$ で半径が r の扇形の弧の長さが，$r \cdot \mathrm{d}\theta$ なのです。

ややこしいのは，φ 方向に切り取られた辺の長さですが，つぎのようにお考えください。

まず，θ がゼロの位置で考えると，φ 方向の角度は $\mathrm{d}\varphi$ ですから，中心から r の位置にある小さな六面体の φ 方向の長さは $r \cdot \mathrm{d}\theta$ です。

その位置から θ をだんだん大きくしていくと，スイカの厚さの薄い方向へ位置が変わっていくので，φ 方向の長さは $r \cdot \mathrm{d}\varphi$ より小さくなりますし，その小さくなり方は $\cos\theta$ に比例します。なぜなら，赤道の長さは $2\pi a$ なのに，それより θ だけ上にある経線の長さが $2\pi a \cos\theta$ であることからわかるように，φ 方向の長さは $\cos\theta$ に比例して短くなっていくからです。

同様に，基準面上で $\mathrm{d}\varphi$ であった角度は，θ だけ傾いた位置では $\mathrm{d}\varphi \cos\theta$ に減っているはずです。こういうわけで，ちっこい六面体の φ 方向の長さは，$r\cos\theta\,\mathrm{d}\varphi$ です。

こうして，ちっこい六面体の体積 $\mathrm{d}V$ が

$$\begin{aligned} \mathrm{d}V &= \mathrm{d}r \cdot r\,\mathrm{d}\theta \cdot r\cos\theta\,\mathrm{d}\varphi \\ &= r^2 \cos\theta\,\mathrm{d}r\,\mathrm{d}\theta\,\mathrm{d}\varphi \end{aligned} \tag{6.21}$$

であることを知りました。あとは，この $\mathrm{d}V$ を球全体にわたって寄せ集めれば，球の体積が求まるはずです。

寄せ集めるための積分の範囲は

$$r \quad \text{については} \quad 0 \sim a$$
$$\theta \quad \text{については} \quad -\pi/2 \sim +\pi/2$$
$$\varphi \quad \text{については} \quad 0 \sim 2\pi$$

です。したがって，半径 a の球の体積は

$$V = \overbrace{\int_0^{2\pi} \overbrace{\int_{-\frac{\pi}{2}}^{\frac{\pi}{2}} \overbrace{\int_0^a r^2 \cos\theta \, \mathrm{d}r}^{\text{四角錐の体積}} \, \mathrm{d}\theta}^{\text{スイカひときれの体積}} \, \mathrm{d}\varphi}^{\text{半径 } a \text{ の球の体積}} \tag{6.22}$$

を計算すれば求められることがわかりました。

ところで，「r については $0 \sim a$」というような積分区間の表し方は，ほんとうは，正しくありません。厳密には，たとえば r が 0 から a までの区間を動く場合，不等号を用いて $0 \leqq r \leqq a$ と書いたりするのが正式とされています。数学では，〜は「ほぼ等しい」を表す記号だからです。

しかし，日本語では「〜」という記号は「何々から何々まで」という意味なので，本書では気にせずに $0 \sim a$ と書くことにします。

これにて，球の体積の完成

こうして，ミミズ 3 匹の**3 重積分**（さんじゅうせきぶん）が目の前に出現しました。なかなかの迫力ですね。しかしながら，ミミズがなん匹並んでも驚く必要はありません。1 匹ずつ片付ければいいのです。やってみましょう。

まず，いちばん内側の積分を実行します。

$$\int_0^a r^2 \cos\theta \, \mathrm{d}r = \cos\theta \int_0^a r^2 \, \mathrm{d}r = \cos\theta \left[\frac{1}{3} r^3\right]_0^a = \frac{a^3}{3} \cos\theta \tag{6.23}$$

です。これを式 (6.22) に代入すれば

$$V = \int_0^{2\pi} \int_{-\frac{\pi}{2}}^{\frac{\pi}{2}} \frac{a^3}{3} \cos\theta \, \mathrm{d}\theta \, \mathrm{d}\varphi \tag{6.24}$$

となって，ミミズを 1 本減らすことに成功しました。つぎは再び，この式の内側にある積分を実行します。

$$\int_{-\frac{\pi}{2}}^{\frac{\pi}{2}} \frac{a^3}{3} \cos\theta \, \mathrm{d}\theta = \frac{a^3}{3} \Big[\sin\theta\Big]_{-\frac{\pi}{2}}^{\frac{\pi}{2}} = \frac{2}{3} a^3$$

なので，これを式 (6.24) に入れると，ミミズがさらに 1 本減り

$$V = \int_0^{2\pi} \frac{2}{3} a^3 \, \mathrm{d}\varphi$$

という，ミミズ 1 本のふつうの積分になってしまいます。これを実行すると

$$= \frac{2}{3} a^3 \Big[\varphi\Big]_0^{2\pi} = \frac{4}{3} \pi a^3 \tag{6.25}$$

となり，直径が a の球の体積が求まりました。

このように，なん匹のミミズが並んでいても恐れる必要はまったくありません。1 匹ずつ各個に撃破すればいいのです。これは，第 3 章の書き出しのところで，ネルソン提督の故事を挙げて，各個撃破の効果を訴えたことと，軌(き)を一(いつ)にします。

6.6
ぐにゃぐにゃの長さを求めてみよう

曲線への逆戻り？

並みの感覚でいえば，図形の性質は，点，線，平面，立体の順で取り扱うのがふつうかもしれません。そういう見方からすれば，平面上の面積，立体の体積と進んだいまになって，「曲線の長さ」を取り扱うのは後戻りのようでもありますが，ある理由によって，この節のテーマに曲線の長さを選ばせていただきます。

図 6-8 のように，x–y 平面の中に

$$y = f(x)$$

の曲線があります。さて，x が a〜b の範囲におけるこの曲線の長さ l は，いくらでしょうか。積分を使って，精密に求

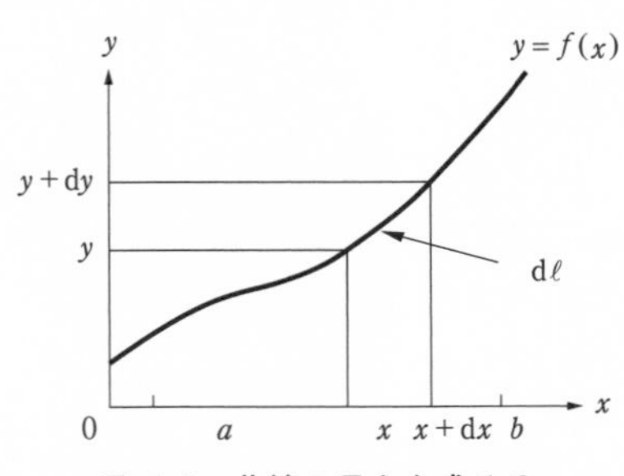

図 6-8　曲線の長さを求める

めてみましょう。

ある点 x で，$\mathrm{d}x$ の幅を切り取ったとき，その間に曲線の値が $\mathrm{d}y$ だけ変化したとします。そして，その区間に含まれる曲線の長さが $\mathrm{d}l$ であるとしましょう。

そうすると，三平方の定理によって

$$(\mathrm{d}l)^2 = (\mathrm{d}x)^2 + (\mathrm{d}y)^2 \tag{6.26}$$

です。滑らかな曲線なら，ごく小さい区間に占める長さは直線の長さとして表せるというのが，図 6-6 や図 6-7 をはじめとして，一貫した考え方でした。

ここで，式 (6.26) の両辺を $(\mathrm{d}x)^2$ で割ると

$$\left(\frac{\mathrm{d}l}{\mathrm{d}x}\right)^2 = 1 + \left(\frac{\mathrm{d}y}{\mathrm{d}x}\right)^2 \tag{6.27}$$

ゆえに
$$\frac{\mathrm{d}l}{\mathrm{d}x} = \sqrt{1 + \left(\frac{\mathrm{d}y}{\mathrm{d}x}\right)^2} \tag{6.28}$$

となります。

こうして求めた $\mathrm{d}l$ は，曲線の微小部分の長さです。あとは，この $\mathrm{d}l$ を，曲線全体にわたって寄せ集めるだけです。式 (6.28) の両辺を x で積分すれば

$$\int \frac{\mathrm{d}l}{\mathrm{d}x}\,\mathrm{d}x = \int \sqrt{1 + \left(\frac{\mathrm{d}y}{\mathrm{d}x}\right)^2}\,\mathrm{d}x \tag{6.29}$$

となります。

ここで，x が a と b の間における曲線の長さ l を求めるなら，定積分を使って

$$l = \int_a^b \sqrt{1 + \left(\frac{\mathrm{d}y}{\mathrm{d}x}\right)^2}\,\mathrm{d}x \tag{6.30}$$

とすればいいことは，もちろんです。

なるほどの実例 6-1

半径 a の円周の長さが $2\pi a$ であることは，周知の事実です。なんとなれば，円周というのは，頂角が 360 度（$= 2\pi$ ラジアン）の扇形の弧に他なりません。極座標を使った積分計算をするまでもなく，その長さは $2\pi a$ に決まっています。

しかし，ここでは，天の邪鬼（あまのじゃく）を気取って，式 (6.30) を頼りに円周を求めてみてください。

【　答え　】直交座標の原点を中心とする半径 a の円の方程式は，y が正の部分については

$$y = \sqrt{a^2 - x^2} \quad (0 \leqq x \leqq a) \tag{6.31}$$

です。これを x で微分すると，計算過程は 127 ページを参考にしていただいて

$$\frac{\mathrm{d}y}{\mathrm{d}x} = \frac{-x}{\sqrt{a^2 - x^2}}$$

となります。したがって，y が正の部分の円周の長さは，式 (6.30) によって

$$l = \int_{-a}^{a} \sqrt{1 + \left(\frac{-x}{\sqrt{a^2 - x^2}}\right)^2}\,\mathrm{d}x$$
$$= \int_{-a}^{a} \frac{a}{\sqrt{a^2 - x^2}}\,\mathrm{d}x = a\int_{-a}^{a} \frac{1}{\sqrt{a^2 - x^2}}\,\mathrm{d}x$$

ここで，174ページの公式を利用すると

$$= a\left[\arcsin\frac{x}{a}\right]_{-a}^{a} = a\left\{\frac{\pi}{2} - \left(-\frac{\pi}{2}\right)\right\} = \pi a$$

となります。これは半径が a の円周のうち，y が正となる部分だけの長さでしたから，全周についての長さなら

円周の長さは，$2\pi a$　　　…（答え）

になることは当然です。■

なるほどの実例 6-2

空中に張られた電線は，自分の重さのために少したるんで，柔らかいカーブを描きます。このような曲線を懸垂線（けんすいせん）（カテナリー）といい，

$$y = \frac{a}{2}\left(e^{\frac{x}{a}} + e^{-\frac{x}{a}}\right) \tag{6.32}$$

で表されます。x が $-b$〜b の範囲にある，この曲線の長さ l を求めてください。

【　答え　】式の形に，度肝（どぎも）を抜かれた方もあるかもしれませんが，たいしたことはありません。$e^{\frac{x}{a}}$ を x で微分すると

$$\frac{\mathrm{d}}{\mathrm{d}x}e^{\frac{x}{a}} = \frac{1}{a}e^{\frac{x}{a}}$$

ですから

$$\frac{\mathrm{d}y}{\mathrm{d}x} = \frac{1}{2}\left(e^{\frac{x}{a}} - e^{-\frac{x}{a}}\right) \tag{6.33}$$

ゆえに　$l = \displaystyle\int_{-b}^{b}\sqrt{1 + \left(\frac{\mathrm{d}y}{\mathrm{d}x}\right)^2}\,\mathrm{d}x$

$$
\begin{aligned}
&= \int_{-b}^{b} \sqrt{1 + \frac{1}{4}\left(e^{\frac{2x}{a}} + e^{-\frac{2x}{a}} - 2\right)} \, \mathrm{d}x \\
&= \int_{-b}^{b} \sqrt{\frac{1}{4}\left(e^{\frac{2x}{a}} + 2 + e^{-\frac{2x}{a}}\right)} \, \mathrm{d}x \\
&= \frac{1}{2} \int_{-b}^{b} \left(e^{\frac{x}{a}} + e^{-\frac{x}{a}}\right) \mathrm{d}x = \frac{a}{2}\left[e^{\frac{x}{a}} - e^{-\frac{x}{a}}\right]_{-b}^{b} \\
&= \frac{a}{2}\left(e^{\frac{b}{a}} - e^{-\frac{b}{a}}\right) \qquad (6.34)
\end{aligned}
$$

となって，答えが求まりました。

電線の長さは，$\boldsymbol{\frac{a}{2}\left(e^{\frac{b}{a}} - e^{-\frac{b}{a}}\right)}$ …（答え）

定積分の練習というよりは，指数関数の練習問題のようでしたね。■

Column 13

知っておきたい双曲線関数

式 (6.32) は，指数関数をいくつも含んだめんどうな分数式で，必要のたびにいちいち手で書くのはおっくうです。そこで，数学をたしなむ紳士や淑女は

$$\frac{e^x - e^{-x}}{2} = \sinh x \qquad \text{(hyperbolic sine)}$$

$$\frac{e^x + e^{-x}}{2} = \cosh x \qquad \text{(hyperbolic cosine)}$$

（ハイパボリックサイン）（ハイパボリックコサイン）

と定義し，これらを**双曲線関数**と呼んでいます。初心者にはあまりお目にかからない代物ですが，数学の世界では紳士淑女の常識とされていて，ちょっと高度で技術的な文章などでは，知っていて当然とばかりに顔を出してきます。

上のように約束しておけば，たとえば，式 (6.32) ですと

$$y = \frac{a}{2}\left(e^{\frac{x}{a}} + e^{-\frac{x}{a}}\right) = a\cosh\frac{x}{a}$$

というふうに，指数関数をいくつも書かずに表すことができます。このように，指数関数の分数式をあらわに書くような泥くさいまねをせず，さらりと $\sinh x$，$\cosh x$ などとしたためておくのが，品のある，エレガントな表記法とされています。

双曲線関数 sinh，cosh は，三角関数の sin，cos と非常によく似た性質をもっています。たとえば，

$\sin 0 = 0$　に対して　$\sinh 0 = 0$

$\cos 0 = 1$　に対して　$\cosh 0 = 1$

$\sin(-x) = -\sin x$（奇関数）に対して　$\sinh(-x) = -\sinh x$（これも奇関数）

$\cos(-x) = \cos x$（偶関数）に対して　$\cosh(-x) = \cosh x$（これも偶関数）

ですし，そのうえ，$\sin^2 x + \cos^2 x = 1$ に対して

$$-\sinh^2 x + \cosh^2 x = 1 \quad ①$$

と，似たような関係が成立します。また

$$\frac{\sin x}{\cos x} = \tan x \quad \text{に対して}$$

$$\frac{\sinh x}{\cosh x} = \tanh x$$ hyperbolic tangent（ハイパボリックタンジェント）

が定義されていて

$$\tanh x = \frac{e^x - e^{-x}}{e^x + e^{-x}}$$

であることは明らかです。

さらに，三角関数の場合と同様に

$$\frac{1}{\sinh x} = \text{cosech}\, x, \quad \frac{1}{\cosh x} = \text{sech}\, x, \quad \frac{1}{\tanh x} = \coth x$$

の関係も使われます。双曲線関数とは，$\sinh x$，$\cosh x$，$\tanh x$ に，これら 3 つを加えた 6 つの関数の総称です。双曲線関数という呼び名は，双曲線を表す $-X^2 + Y^2 = 1$ と，式①の形が同じだから，というところから来ています。

6.7
つぼの表面積はこうして求めたい

身もふたもない話

図 6-9 をごらんください。x–y 座標上の，x が a から b の範囲に，1 本の曲線がのたくっています。この曲線の長さは，前節の式 (6.30) によって求められるのでした。

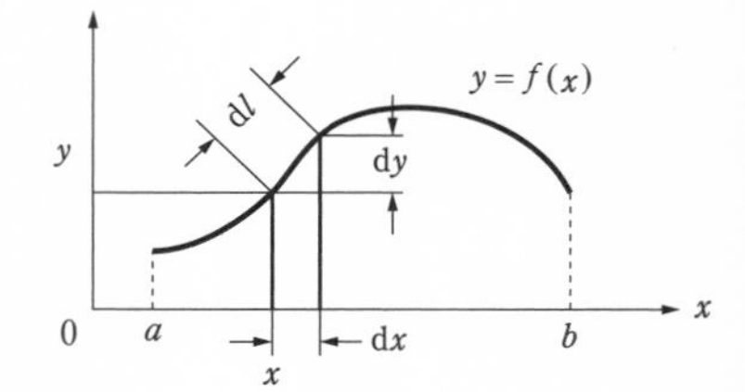

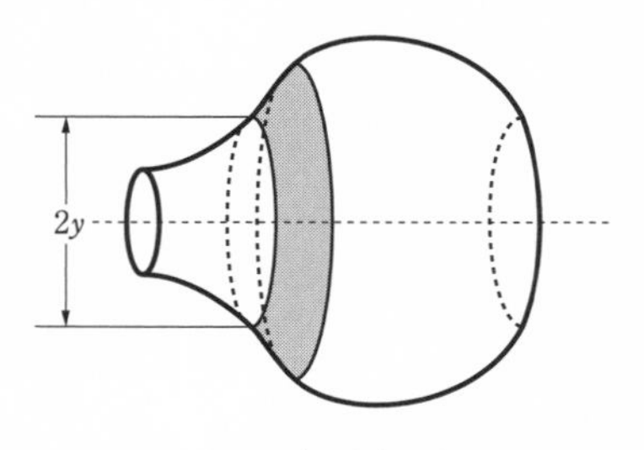

図 6-9　表面積を求める

こんどは，この曲線が x 軸を中心にして，ぐるっと 1 回転したと思っていただきます。曲線が通った軌跡は，太っちょのつぼ形になるでしょう。ただし，肉厚はゼロですし，ふたも底(そこ)もありません。まさに，身もふたもない話です。

さて，この身もふたも底もないつぼの表面積（裏の面積は除きます）は，いくらあるでしょうか。調べていきましょう。

まず，図 6-9 の上半分のように，点 x において $\mathrm{d}x$ の幅で曲線を切り取るとき，切り取られた曲線の長さ $\mathrm{d}l$ は

$$\mathrm{d}l = \sqrt{1 + \left(\frac{\mathrm{d}y}{\mathrm{d}x}\right)^2}\,\mathrm{d}x \qquad (6.28)\text{ もどき}$$

です。なお，$\mathrm{d}l$ のちっこい断片は，x 軸から y だけ離れています。

つぎに，この曲線全体を x 軸を中心にして 1 回転させてください。全体としてはふたも底もないつぼになりますが，$\mathrm{d}l$ の部分は，図に薄ずみを塗ったようなリングとなって，つぼの一部を形成します。

このリングの外周の長さは $2\pi y$ で，幅は $\mathrm{d}l$ ですから，リングの表面積 $\mathrm{d}S$ は

$$\mathrm{d}S = 2\pi y \cdot \mathrm{d}l = 2\pi y\sqrt{1 + \left(\frac{\mathrm{d}y}{\mathrm{d}x}\right)^2}\,\mathrm{d}x \qquad (6.35)$$

となっている勘定です。

それなら，この面積 $\mathrm{d}S$ を x 軸方向へ，a から b の区間について寄せ集めれば，それが私たちが求めているつぼの表面積ではありませんか。

なぜなら，つぼの表面積というのは，x が a〜b の区間にある $y = f(x)$ の曲線を，x 軸を中心にして回転させたときにできる表面積のことだからです。

こうして，回転体の表面積 S は，式 (6.35) を x について

積分して

$$S = 2\pi \int_a^b y\sqrt{1+\left(\frac{\mathrm{d}y}{\mathrm{d}x}\right)^2}\,\mathrm{d}x \qquad (6.36)$$

であることが判明しました。

なるほどの実例 6-3

半径が a の球の表面積が $4\pi a^2$ であることは有名な事実で，公式を学校で暗記させられた方も多いのではないでしょうか。ここでは，式 (6.36) を頼りに，その公式 $4\pi a^2$ を自力で作り出してみてください。なお，この a は，式 (6.36) の積分の下端の a とは無関係です。

【　答え　】半径 a の半円の方程式は

$$y = \sqrt{a^2 - x^2} \qquad (y \geqq 0) \qquad (6.37)$$

で表されます。したがって，この曲線が x 軸を中心にして回転したときに作り出される曲面の面積が，求める球の面積です。

まず，127 ページの手法を応用して式 (6.37) を x で微分すると

$$\frac{\mathrm{d}y}{\mathrm{d}x} = -\frac{x}{\sqrt{a^2 - x^2}}$$

ですから

$$\sqrt{1+\left(\frac{\mathrm{d}y}{\mathrm{d}x}\right)^2} = \sqrt{1+\frac{x^2}{a^2-x^2}} = \sqrt{\frac{a^2+x^2-x^2}{a^2-x^2}}$$

$$= \frac{a}{\sqrt{a^2 - x^2}} \tag{6.38}$$

となります。したがって，球の表面積は，式 (6.36) に式 (6.37) と式 (6.38) を代入すると

$$S = 2\pi \int_{-a}^{a} \sqrt{a^2 - x^2} \cdot \frac{a}{\sqrt{a^2 - x^2}}\, \mathrm{d}x = 2\pi a \int_{-a}^{a} \mathrm{d}x = 4\pi a^2$$

球の表面積は，$4\pi a^2$　　　　…（答え）

であることが判明しました。■

面積から，体積へ！

曲線の長さを調べ，それが回転してできる曲面の面積を調べてきたら，つぎには，回転体の体積を調べないわけにはいきません。簡単ですから，お付き合いください。

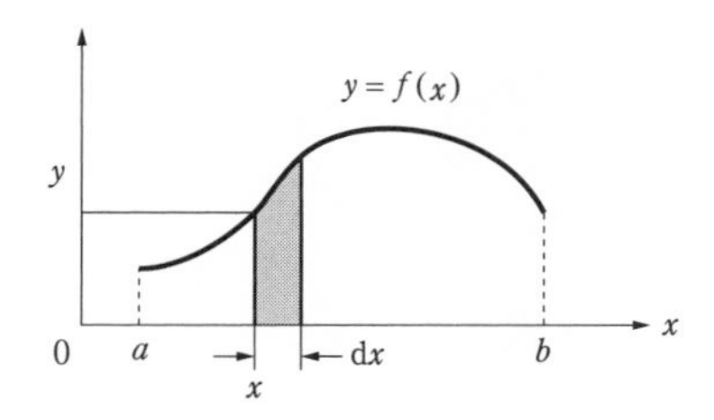

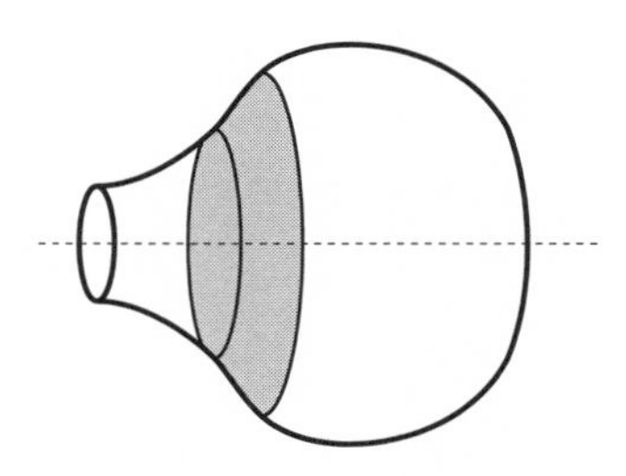

図 6-10　体積を求める

図 6-10 に，3 ページ前と同じような図が描いてあります。異なるところは，前の図は中空であったのに対して，こんどは中身が詰まっているところです。何しろ，体積を求めようというのですから……。

図の上半分に描いてあるような

$$y = f(x)$$

の曲線が，x 軸を中心にして回転して作り出す立体の容積を求めていきましょう。上半分の図には，位置 x で $\mathrm{d}x$ の幅を切り取ってあり，薄ずみを塗ってあります。

この部分が x 軸を中心にして 1 回転すると，その軌跡は図の下半分に薄ずみを塗ったような，限りなく薄っぺらな円板になります。その円板の体積 $\mathrm{d}V$ は，円の面積が πy^2 で，厚さが $\mathrm{d}x$ ですから

$$\mathrm{d}V = \pi y^2 \mathrm{d}x \tag{6.39}$$

です。そして，回転体の体積は，これを，a から b にわたって寄せ集めたものですから

$$V = \int_a^b \pi y^2 \,\mathrm{d}x = \pi \int_a^b y^2 \,\mathrm{d}x \tag{6.40}$$

というふうに求められることになります。簡単でしたね。

こうした回転体の簡単な実例としては，球の体積が挙げられます。半径が a の球の体積を，ひとつ，求めてみましょう。

私たちは，すでに 217 ページで，ミミズ 3 匹の 3 重積分を使って

$$\frac{4}{3}\pi a^3 \qquad (6.25)\text{ もどき}$$

という球の体積の公式を導き出してしまいました。とはいえ，数学の道すじは 1 通りではありませんから，回転体の体積を求めるこちらの式 (6.40) の方法で，公式 (6.25) を検算しておくのも悪くはないでしょう。

再び登場しますが，半径が a の半円の方程式は

$$y = \sqrt{a^2 - x^2} \qquad \text{(6.37) と同じ}$$

です。この半円が x 軸を中心に回転すると，球ができると考えるのです。

式 (6.37) から

$$y^2 = a^2 - x^2$$

ですから，これを式 (6.40) に代入すれば，求める体積 V は

$$V = \pi \int_{-a}^{a} (a^2 - x^2)\,\mathrm{d}x = \pi \left[a^2 x - \frac{1}{3} x^3 \right]_{-a}^{a} = \frac{4}{3}\pi a^3 \tag{6.41}$$

というぐあいです。式 (6.25) と，めでたく一致しましたね。

ここまで，さまざまな図形をもとにした例題を挙げてきましたが，どうも解説のためにすぐに答えを申し上げてばかりで，いささか実戦的な配慮に受けていた気がしないでもありません。ここらでひとつ，各人で問題を解いてみていただきましょうか。

＼ちょこっと／練習 6-1

半径 r の円を底面とする，高さ h の円錐(えんすい)の体積を求めてください。答えは 248 ページにあります。

[ヒントはこちら→]　求める円錐を，次ページの図 6-11 のような三角形が，x 軸を中心に回転してできたものと考えましょう。

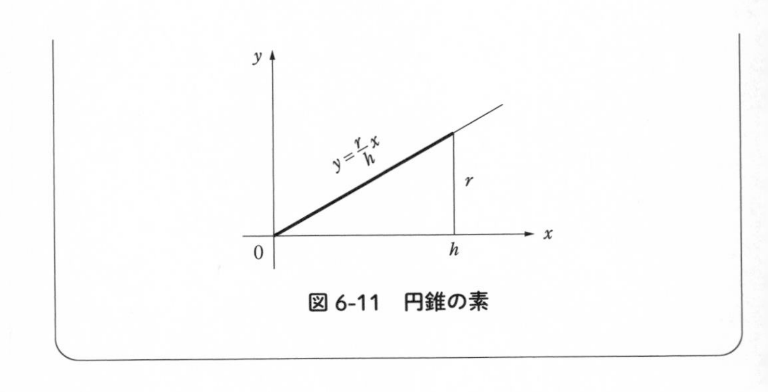

図 6-11　円錐の素

6.8 仲人を立てて積分する

厄介者を手なずけるには

積分は，社会現象や自然現象を解析するための有力な考え方であるとはいえ，数学的な取り扱いから見れば，しょせんは

$$S=\int_a^b f(x)\,\mathrm{d}x$$

という計算で，面積を求めることに他ならないのでした。

そして，状況によっては，直交座標上で定義された $f(x)$ を使うよりは，極座標を利用するほうが，面積を求めるうえで効果的なことも少なくありません。これも，いくつかの実例で体験してきたとおりでした。

ところが，たまには，直交座標を使っても，極座標に頼っても，うまく面積が求められない厄介者（やっかいもの）がおりますから，まさに，世の中はさまざまです。

図 6-12 を，ごらんください。1 つの円が直線上を転がって進むとき，円周上の 1 点が描き出す曲線を**サイクロイド**といいます。この曲線の方程式を，いきなり

$$y = f(x)$$

の形に表そうとすると，うまくいきません。三角関数の逆関数などが入り乱れ，何が何やら，訳がわからなくなって，積分などとてもとても思いもよらないのです。また，極座標を使おうにも，座標原点が移動してしまうので，うまくいきません。

そこで，図の下半分のように，円が回転する角度 θ を仲人（なこうど）

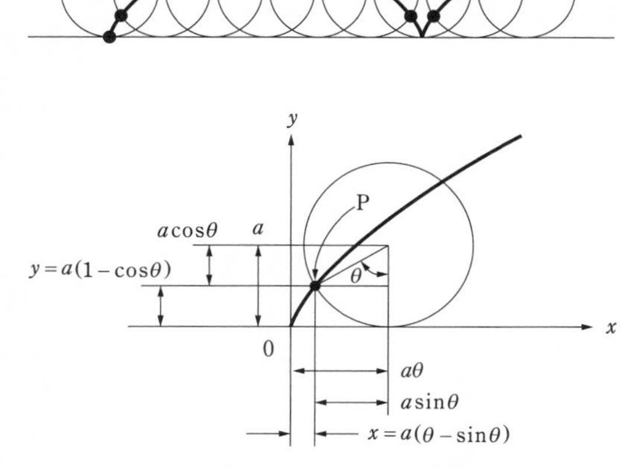

図 6-12　サイクロイド曲線の成り立ち

にして，円周上の１点Ｐの x 座標と y 座標の値を表してみようと思います。図を丹念に見ていただくと，円板が θ だけ転がると，転がる前には（$x=0$，$y=0$）にあった円周上のＰ点が

$$\left.\begin{aligned} x &= a(\theta - \sin\theta) \\ y &= a(1 - \cos\theta) \end{aligned}\right\} \tag{6.42}$$

に移動しているのがわかります。この θ のように，x と y の仲介の労をとってくれる変数を**媒介変数**（ばいかいへんすう）といいます。つまり，式 (6.42) は，θ を媒介変数として x–y の直交座標上に描かれたサイクロイド曲線の方程式なのです。

第３章の 115 ページで，媒介変数を利用した微分法について解説しました。ここで述べることも，同じ考え方を積分法に応用したものです。

考え方のキモは置換積分

では，この方程式を利用して，サイクロイド曲線のひと山の面積を求めてみましょう。曲線のひと山が描かれるのは，円がちょうど１回転する範囲，すなわち，x が $0 \to 2a\pi$ に変化する範囲ですから，サイクロイドひと山の面積は

$$S = \int_0^{2a\pi} y\,\mathrm{d}x \tag{6.43}$$

で表されるのは明らかですが，ちょっと困ったことになりました。y が x の関数になっていないために，このままでは積分ができません。そこで，ちょっとした一般論に付き合ってください。

$$\left.\begin{array}{l} y = f(t) \\ x = g(t) \end{array}\right\} \tag{6.44}$$

の関係があるとき

$$\int y\,\mathrm{d}x = \int f(t)\,\mathrm{d}x \tag{6.45}$$

の積分を実行する手順を作り出してみましょう。

まず，118 ページで，「$\mathrm{d}x$ や $\mathrm{d}t$ をふつうの文字のように扱うのは，考え方としては問題があるけれど，形式的にはつじつまが合っている」と書きました。このことを拝借して

$$\mathrm{d}x = \mathrm{d}x\frac{\mathrm{d}t}{\mathrm{d}t} = \frac{\mathrm{d}x}{\mathrm{d}t}\mathrm{d}t \tag{6.46}$$

とし，これを式 (6.45) に代入します。そうすると

$$\int y\,\mathrm{d}x = \int f(t)\,\mathrm{d}x = \int f(t)\frac{\mathrm{d}x}{\mathrm{d}t}\,\mathrm{d}t = \int f(t)g'(t)\,\mathrm{d}t \tag{6.47}$$

となります。これなら，$f(t)g'(t)$ は t の関数ですから，積分ができるでしょう。

では，サイクロイドひと山の面積を求めるための式 (6.43) に，この関数を代入してください。

$$S = \int_0^{2a\pi} y\,\mathrm{d}x = \int_0^{2a\pi} a(1-\cos\theta)\,\mathrm{d}x \tag{6.48}$$

となりますが，θ の関数を x で積分するのは困るので

$$x = a(\theta - \sin\theta) \qquad \text{(6.42) の一部}$$

を θ で微分すれば

$$\frac{\mathrm{d}x}{\mathrm{d}\theta} = a(1 - \cos\theta)$$

$$\text{ゆえに}\quad \mathrm{d}x = a(1 - \cos\theta)\,\mathrm{d}\theta \tag{6.49}$$

となり，x を θ に置き換えることが可能です。これを式 (6.48) に代入します。

これは置換積分と同じ考え方です。積分範囲が $0\sim 2a\pi$ から $0\sim 2\pi$ に変わることに気を付けて，三角関数の公式を利用しながら積分の作業を進めます。

$$\begin{aligned}
S &= \int_0^{2\pi} a(1 - \cos\theta) \cdot a(1 - \cos\theta)\,\mathrm{d}\theta \\
&= a^2 \int_0^{2\pi} (1 - \cos\theta)^2\,\mathrm{d}\theta = a^2 \int_0^{2\pi} (1 - 2\cos\theta + \cos^2\theta)\,\mathrm{d}\theta \\
&= a^2 \int_0^{2\pi} \left(1 - 2\cos\theta + \frac{1 + \cos 2\theta}{2}\right) \mathrm{d}\theta \\
&= a^2 \left[\theta - 2\sin\theta + \frac{1}{2}\theta + \frac{1}{4}\sin 2\theta\right]_0^{2\pi} = 3\pi a^2
\end{aligned} \tag{6.50}$$

という答えに到達しました。サイクロイドひと山の面積が，それを作り出す円の面積のぴったり 3 倍というところが，ちょっと神秘的ではありませんか。

なるほどの実例 6-4

問題が円ばかりというのも芸がありません。ここらで，楕円（だえん）を考えてみましょう。長径が $2a$，短径が $2b$ の楕円は，媒介変数 t を使って

$$\left.\begin{aligned} x &= a\cos t \\ y &= b\sin t \end{aligned}\right\}$$

と表されます。この楕円の面積を求めてください。

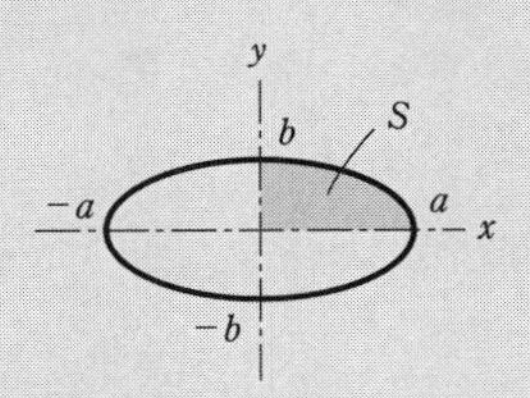

楕円の面積は？

【　答え　】与えられた楕円の，第 1 象限にある面積を，まず，求めていきましょう。

$$S = \int_0^a y\,\mathrm{d}x \tag{6.51}$$

ですが，このままでは，y が x の関数になっていないので，積分ができません。そこで式 (6.46) の知恵を借りて

$$\mathrm{d}x = \frac{\mathrm{d}x}{\mathrm{d}t}\,\mathrm{d}t \qquad \text{(6.46) の一部}$$

とするとともに，題意によって，x が $0 \to a$ のときに，t が $\pi/2 \to 0$ となることに配慮すると，式 (6.51) は

$$\begin{aligned} S &= \int_{\frac{\pi}{2}}^0 b\sin t\frac{\mathrm{d}x}{\mathrm{d}t}\,\mathrm{d}t \\ &= \int_{\frac{\pi}{2}}^0 (b\sin t)(-a\sin t)\,\mathrm{d}t = -\int_{\frac{\pi}{2}}^0 (b\sin t)(a\sin t)\,\mathrm{d}t \end{aligned}$$

$$
\begin{aligned}
&= ab\int_0^{\frac{\pi}{2}} \sin^2 t\,\mathrm{d}t = ab\int_0^{\frac{\pi}{2}} \frac{1-\cos 2t}{2}\,\mathrm{d}t \\
&= \frac{ab}{2}\left[t - \frac{1}{2}\sin 2t\right]_0^{\frac{\pi}{2}} = \frac{\pi}{4}ab \qquad (6.52)
\end{aligned}
$$

これは楕円の 4 分の 1 の面積です。楕円全体の面積は，4 倍して

楕円の面積は，πab　　　…（答え）

という次第です。 ■

6.9 平均は，いくら？

平均も奥が深いもの

話題が変わります。この節では，平均について考えていきましょう。「積分のテクニック」と銘打った本章で，突然，平均なるものが現れるのは妙かもしれませんが，気にせず先をお読みください。

いま，かりに

5，3，5，9，8

という 5 個の値があるとしましょう。これらの値の平均*は

---

* 平均値には，いろいろな種類があります。ここでいう平均とは相加平均（算術平均ともいう）のことですが，他にも相乗平均（幾何平均ともいう），調和平均，ベクトル平均などがあります。それぞれ，特徴がありますから，じょうずに使い分けたいものです。

$$\frac{5+3+5+9+8}{5}=6 \tag{6.53}$$

です。この平均は，どのような意味をもっているのでしょうか。

図 6-13 をごらんください。5 個の値を同じ幅の棒グラフで描いてありますが，データの値によって棒グラフの高さがまちまちです。

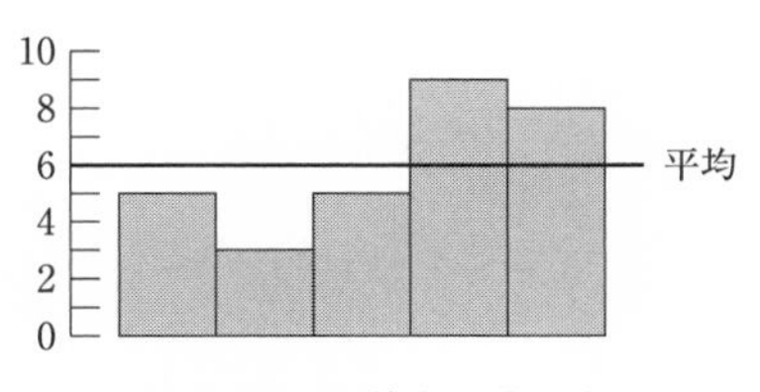

図 6-13　平均ということ

そこで，これらの値の平均値，すなわち，棒グラフの高さの平均値「6」の位置に横線を引いてみました。そうしたら，横線から上にはみ出している棒グラフの面積と，横線から下に不足している面積とが同じになっていることに気付きます。

このように，横線から上にはみ出ている面積を削り取り，それを横線から下のすき間に埋めて，全体を平らに均（なら）した横線の高さが，すなわち平均値なのです。

グラフの高さが棒グラフではなく，一般的な曲線であっても，この理屈は同じです。次ページの図 6-14 を見ていただけますか。

そこには $y=f(x)$ の曲線が描いてありますが，x が a〜b の区間における y の値の平均値は，この曲線と x 軸とにはさまれた面積を a〜b 間に均等に配分した値です。薄ずみを施

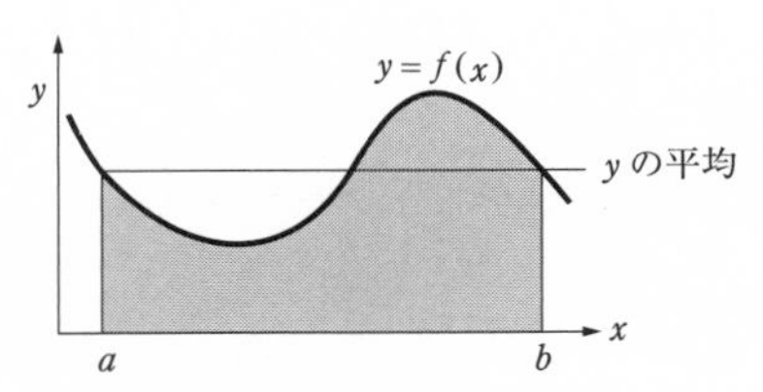

図 6-14　連続関数でも同じ

した部分の面積は，積分を使って

$$\int_a^b f(x)\,\mathrm{d}x \tag{6.54}$$

と書くことができますから，これを，a〜b の区間に均等に配分すれば

$$\frac{\displaystyle\int_a^b f(x)\,\mathrm{d}x}{b-a} \tag{6.55}$$

となります。この式 (6.55) が，$f(x)$ の a〜b 区間における平均を表すのです。

さらに，$b-a$ は，$\mathrm{d}x$ を a から b の区間で寄せ集めたものなので

$$b-a=\int_a^b \mathrm{d}x \tag{6.56}$$

と書くこともできますから，これを使うと式 (6.55) は

$$f(x)\text{ の，}a\text{〜}b\text{ 区間の平均}=\frac{\displaystyle\int_a^b f(x)\,\mathrm{d}x}{\displaystyle\int_a^b \mathrm{d}x} \tag{6.57}$$

と書いてもいいでしょう。そのうえ，a〜b 区間を，もっと一般化して，D 区間とでも呼ぶことにして

$$f(x) \text{ の D 区間の平均} = \frac{\displaystyle\int_{\mathrm{D}} f(x)\,\mathrm{d}x}{\displaystyle\int_{\mathrm{D}} \mathrm{d}x} \tag{6.58}$$

と表現したりもします。

このように抽象化した表記法は，数学ぎらいを生む原因のひとつではあるのですが，慣れてしまうと，意外に平気なものです。

3 次元にも平均がある！

もうひと踏ん張りしましょう。こんどは 3 次元の世界です。

$$z = f(x, y) \tag{6.59}$$

の曲面と，立体座標の x–y 平面との間に含まれる体積は

$$\iint_{\mathrm{D}} f(x, y)\,\mathrm{d}x\,\mathrm{d}y \tag{6.60}$$

です。なぜかというと，x–y 平面上に面積 $\mathrm{d}x\,\mathrm{d}y$ の底面を持ち，高さが $f(x, y)$ である細長い立体の体積を，x–y 平面上の必要な全域 D について寄せ集めたものだからです。

$z = f(x, y)$ の平均値は，この値を D 領域の面積

$$\iint_{\mathrm{D}} \mathrm{d}x\,\mathrm{d}y \tag{6.61}$$

に公平に配分した値ですから

$$f(x,y)\text{ の D 領域の平均} = \frac{\displaystyle\iint_{\mathrm{D}} f(x)\,\mathrm{d}x\,\mathrm{d}y}{\displaystyle\iint_{\mathrm{D}} \mathrm{d}x\,\mathrm{d}y} \qquad (6.62)$$

で表されることになります。

さらに，空間の位置とは別に，ものの濃度とか磁場の強さなども影響してくると，変数が増えて 4 次元や 5 次元の問題に遭遇することがあります。そんな場合でも，ミミズの本数がふえるだけで，以下，同様です。

ミミズだらけで嫌になった人に

余計なおせっかいを申し上げます。数学というのは，学者や受験生のように，数学の問題を解くこと自体が目的のこともありますが，実務の場合には，答えさえ求まれば，途中経過や手段はどうでもいいという場合も少なくありません。そういうときは，式 (6.62) のような恐ろしげな式を避けて，便法を用いる知恵も必要でしょう。

図 6-15 は，その一例です。円錐の高さの平均値を求めるときに，式 (6.62) を利用するのは計算が煩雑すぎて，おすすめできません。それよりは，回転体としての円錐の体積を積

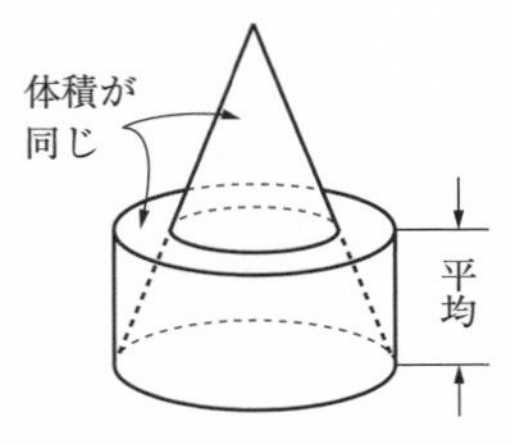

図 6-15　3 次元でも同様

分によって求め，それを円錐の底面積で割って平均値とするほうが，ずっと実用的だと，思われませんか。

ちなみに，答えは，円錐の高さの 1/3 です。底円の半径が r で，高さが h である円錐の体積は，229 ページの「ちょこっと練習 6-1」の答えを拝借すると（248 ページ），$(1/3)\pi r^2 h$ ですし，これと底円が同じで体積が等しい円柱の高さは $(1/3)h$ だからです。

Column 14

積分の平均値の定理

微分の平均値の定理（83 ページ）は有名ですが，積分にも平均値の定理があります。

それは，$y = f(x)$ が a〜b の区間で連続なら

$$\int_a^b f(x)\,\mathrm{d}x = f(c)(b-c)$$

となるような c が少なくとも 1 つは存在する，という定理です。この定理の意味は，下図のように，c をじょうずに選べば，a〜b を底辺とし高さを $f(c)$ とする長方形の面積を，薄ずみを施した面積に等しくすることができる，ということです。

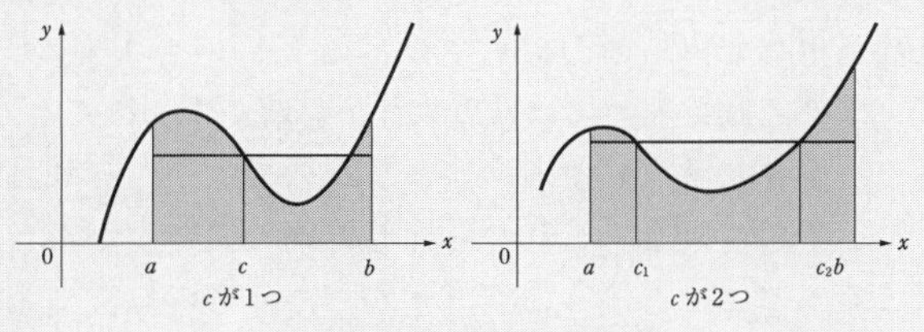

積分の平均値の定理

6.10 重心は，どこだ？

ダンゴ 3 兄弟

こんどは，重心を求めます。図 6-16 をごらんください。3 つダンゴが串刺しになっています。この串を，ある支点（△の位置）で支えたとき，串は右にも左にも傾かずに静止したとします。このようなとき，ダンゴ 3 兄弟の**重心**（じゅうしん）は △ の位置にある……というのが，世間の常識です。

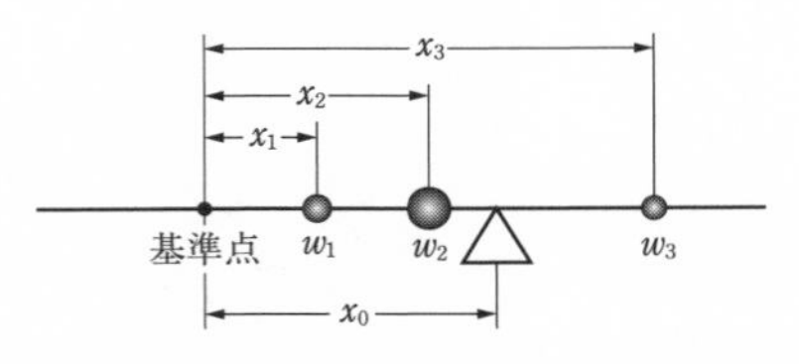

図 6-16　重心は，どこだ

ここでは，3 つのダンゴの位置と重さによって，重心の位置を割り出してみることにします。

ダンゴの位置を表すには，基準点が必要です。ほんとうは，重心の位置を基準点にするのが一番なのですが，それはできません。その位置を，これから探していくのですから。

そこで，どこでもけっこうですから，任意の位置に基準点を決め，そこと重心との距離を，未知数 x_0 とおきましょう。

また，個々のダンゴの位置を，基準点からの距離 x_1，x_2 などで表すことにします。さらに，個々のダンゴの重量を w_1，w_2 などと書いて，串にその重さがかかっていると考えます。図 6-16 のように，です。

そうすると，△ と w_1 の距離は $x_0 - x_1$ ですから，ダンゴ w_1 は

$$(x_0 - x_1)w_1$$

という力のモーメントで，串を左下がりにしようとします。

力のモーメントとは，（作用点にかかる力）×（支点からの距離）という量を指し，物体に回転を与える力のことです。「支点から離れたところに力をかければ回転させやすい」という，てこの原理を加味した回転力と考えてください。

同じように，ダンゴ w_2 は

$$(x_0 - x_2)w_2$$

という力のモーメントで，串を左下がりにしようとします。これに対して，ダンゴ w_3 は，

$$(x_3 - x_0)w_3$$

の力のモーメントで串を右下がりにしようと頑張ります。

そうすると，串が左下がりにも右下がりにもならないためには

$$(x_0 - x_1)w_1 + (x_0 - x_2)w_2 = (x_3 - x_0)w_3 \tag{6.63}$$

が成り立つ必要があります。この式を変形していくと

$$x_0(w_1 + w_2 + w_3) = x_1w_1 + x_2w_2 + x_3w_3$$

すなわち

$$x_0 = \frac{x_1w_1 + x_2w_2 + x_3w_3}{w_1 + w_2 + w_3} \tag{6.64}$$

となります。したがって，串をこの位置で支えれば，右にも左にも傾かず，水平が維持されるわけですから，この x_0 が全体の重心の位置を表していることがわかります。

いまは，ダンゴというおもりが３つの場合を例にとりましたが，おもりがどれだけ多くても理屈は同じですから，重心位置 x_0 は

$$x_0 = \frac{x_1w_1 + x_2w_2 + \cdots + x_nw_n}{w_1 + w_2 + \cdots + w_n} = \frac{\sum x_iw_i}{\sum w_i} \tag{6.65}$$

で表されることに，ご同意いただけると思います。

重心も積分で

つづいて，たくさんのおもりがくっついて，図 6-17 のような１枚の板になってしまったと思ってください。この板の x 軸方向の重心は，どこにあるのでしょうか。簡単にするた

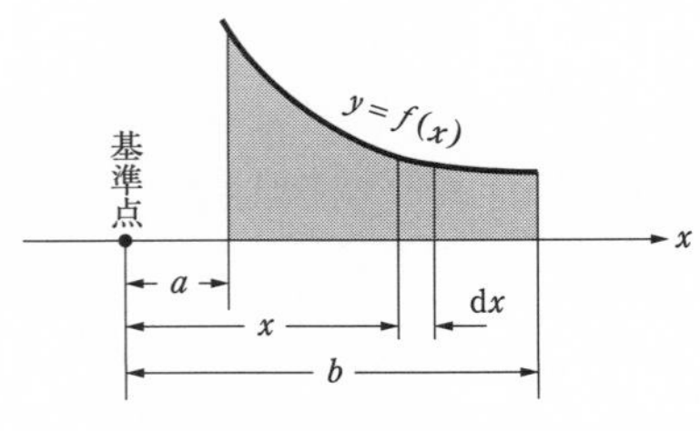

図 6-17　重心を求める

めに，板の厚さも，材料の比重も 1 としましょう。

基準点から x の距離に $\mathrm{d}x$ の幅をとれば，その面積および重さは

$$f(x)\,\mathrm{d}x$$

です。そうすると，この図形の x 軸方向の重心位置は，式 (6.65) の $\sum$ が $\int$ に変わって

$$x_0 = \frac{\displaystyle\int_a^b x f(x)\,\mathrm{d}x}{\displaystyle\int_a^b f(x)\,\mathrm{d}x} \tag{6.66}$$

であることは明らかです。前の節と同じように，積分範囲を D と略記すれば，重心位置 x_0 は

$$x_0 = \frac{\displaystyle\int_{\mathrm{D}} x f(x)\,\mathrm{d}x}{\displaystyle\int_{\mathrm{D}} f(x)\,\mathrm{d}x} \tag{6.67}$$

というきざな形で表現できることになります。

なるほどの実例 6-5

角度が 90°，60°，30° の，三角定規の重心位置を求めてください。もちろん，材質も厚さも一定です。

【　答え　】この三角定規を，次ページの図 6-18 のように，x–y 座標内に直角三角形として描きましょう。題意によっ

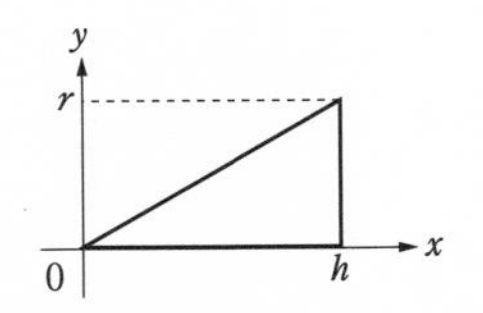

図 6-18　直角三角形の重心は

て，r/h は $r/h = \tan 30° = 1/\sqrt{3}$ という具体的な値に定まるのですが，これはひとまず気にせずに先に進みましょう。

直角三角形を，このように，x–y 座標内に置いてみると，斜辺は

$$y = f(x) = \frac{r}{h}x \quad (0 \leqq x \leqq h)$$

の直線になっています。したがって，この直線と x 軸との間に含まれる直角三角形の x 軸方向の重心位置 x_0 は，式 (6.67) によって

$$x_0 = \frac{\displaystyle\int_0^h x\frac{r}{h}x\,\mathrm{d}x}{\displaystyle\int_0^h \frac{r}{h}x\,\mathrm{d}x} = \frac{\displaystyle\frac{r}{h}\int_0^h x^2\,\mathrm{d}x}{\displaystyle\frac{r}{h}\int_0^h x\,\mathrm{d}x} = \frac{\left[\dfrac{1}{3}x^3\right]_0^h}{\left[\dfrac{1}{2}x^2\right]_0^h} = \frac{2}{3}h \tag{6.68}$$

であることがわかりました。

y 軸方向の重心位置も，同じように解析すれば，$(1/3)r$ のところにあることは，容易に類推できるでしょう。したがって，

直角三角形の重心位置は $\left(\dfrac{2}{3}\boldsymbol{h}, \dfrac{1}{3}\boldsymbol{r}\right)$ である。　…（答え）

ということになります。 ■

なお，直角三角形ばかりではなく，どのような三角形でも，底辺から 1/3 の高さのところに重心があることは，よく知られた事実です。

なるほどの実例 6-6

円錐の重心の位置は，底面から高さがいくらの位置にあるでしょうか。計算の一部が 229 ページの例題とダブりますが，お許しいただくとともに，参考にしてください。

【　答え　】前ページの図 6-18 を，もういちど利用しましょう。

$$y = f(x) = \frac{r}{h}x \qquad (0 \leqq x \leqq h) \tag{6.69}$$

というこの直線が，x 軸を中心にして回転すると，底円の半径が r で，高さが h の円錐ができ上がります。その円錐は，頂点が座標の原点にあり，原点から x だけ離れたところでは，半径が $x \cdot r/h$ なので

$$\text{断面積} = f(x) = \left(\frac{r}{h}x\right)^2 \pi = \frac{r^2\pi}{h^2}x^2 \tag{6.70}$$

となっています。そうすると，原点から x のところで切り出した $\mathrm{d}x$ の厚さの円板の体積は

$$\frac{r^2\pi}{h^2}x^2\,\mathrm{d}x$$

であり，比重を 1 とすれば，重さも同じ値です。したがって，x 軸方向の重心位置 x_0 は，式 (6.66) によって

$$x_0 = \frac{\displaystyle\int_0^h \frac{r^2\pi}{h^2}x^2 \cdot x\,\mathrm{d}x}{\displaystyle\int_0^h \frac{r^2\pi}{h^2}x^2\,\mathrm{d}x} = \frac{\displaystyle\int_0^h x^3\,\mathrm{d}x}{\displaystyle\int_0^h x^2\,\mathrm{d}x} = \frac{\frac{1}{4}\left[x^4\right]_0^h}{\frac{1}{3}\left[x^3\right]_0^h}$$

$$= \frac{\frac{1}{4}h^4}{\frac{1}{3}h^3} = \frac{3}{4}h \tag{6.71}$$

となりました。この $(3/4)h$ は，頂点から測った値ですから，底面から測った高さについては，h からこれを引いて $(1/4)h$ となります。

円錐の重心は，底面から測った高さが $\frac{1}{4}h$ の位置。

…（答え）▮

「大山鳴動してねずみ 1 匹」という感じがしないことはありませんが，三角形の重心位置は底辺から 1/3，円錐の重心位置は底から 1/4 というのは，覚えやすくて，いいですね。

＼ちょこっと／練習 6-1 P229 の答え

円錐の体積は，式 (6.40) を利用して

$$V = \pi\int_0^h \left(\frac{r}{h}x\right)^2\mathrm{d}x = \frac{\pi r^2}{h^2}\int_0^h x^2\,\mathrm{d}x = \frac{\pi r^2}{h^2}\left[\frac{1}{3}x^3\right]_0^h$$

$$= \frac{1}{3}\pi r^2 h$$

となります。

第 7 章

微分と積分の総がらみ

数値積分・級数展開

初期のコンピュータENIAC（エニアック）。たくさんの代数計算機をくり返す数値積分や級数計算は，コンピュータの登場で一気に便利になりました。

7.1
できない積分に立ち向かう

ままならない積分

高校いらいの数学で，私たちが日常的に使っている関数は，代数関数，三角関数，逆三角関数，対数関数，指数関数などです。これらを，ひっくるめて初等関数といったりもします。

加えて，cosh，sinh などの双曲線関数も初等関数に含まれます。双曲線関数は，指数関数の入った分数式にすぎないからです。初等関数に含まれない関数には，ベータ関数やガンマ関数，ベッセル関数などがあります。

これらの初等関数を微分すると，必ず初等関数になるので始末がいいのですが，どっこい，初等関数を積分すると初等関数になるとは限らないのです。たとえば

$$\frac{1}{\sqrt{1-x^4}},\ \sin x^2,\ \frac{e^x}{x},\ \text{などなど……}$$

のような，どこにでも顔を出しそうな関数さえ，初等関数の範囲では積分ができません。これが，「微分は必ずできるけれど，積分はできないこともある」といわれる所以(ゆえん)です。

しかし，微積分の実用性という観点からいえば，積分はできないこともあると，あきらめているわけにはいきません。その代わり，実用性に主眼を置くなら，不定積分で求める原

始関数の形がわからなくても，定積分の値，つまり，積分によって求める面積の大きさを知れば十分という場合も少なくないでしょう。このような流儀を，**数値積分**（すうちせきぶん）といいます。

そこで，この節では，面積の大きさを調べることによって，定積分の値を近似計算する方法をご紹介しようと思います。

数値積分の第一歩

近似計算の題材としては，前出の関数のうち

$$y = \frac{1}{\sqrt{1-x^4}} \tag{7.1}$$

を使いましょう。$\sqrt{\quad}$ の中が負の値になってはいけませんから，この関数は

$$-1 < x < 1$$

の範囲に存在します。そのうち，x のプラス側だけの関数の値をグラフに描くと，図 7-1 のような曲線になります。

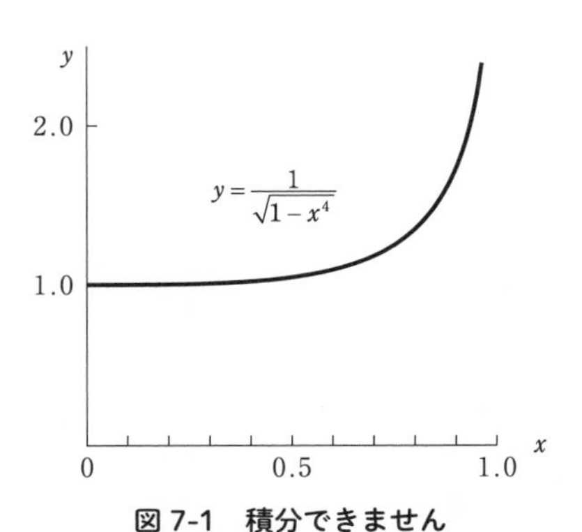

図 7-1　積分できません

では，この曲線と x 軸とに挟まれた面積を，x が 0.3〜0.9 の範囲で求めてみましょう。つまり

$$S = \int_{0.3}^{0.9} \frac{1}{\sqrt{1-x^4}}\,\mathrm{d}x \tag{7.2}$$

を計算してみようというわけです。ただし，いわゆる積分という演算は使わずに，です。

そのような面積の求め方を，実は，すでに私たちは体験ずみです。第 5 章の 168 ページで申し上げましたが，積分する面積を棒グラフの林で代用し，棒グラフの本数をどんどん増していけば，ついには，棒グラフの全面積が求める面積と等しくなるのでした。こんども，同じように，やってみようというわけです。

図 7-2 を見ていただけますか。式 (7.2) の面積を，幅が 0.1 ずつの，たった 6 本の棒グラフで代用してあります。棒グラフの高さは，図 5-2 のときと同じように，棒グラフの左上の

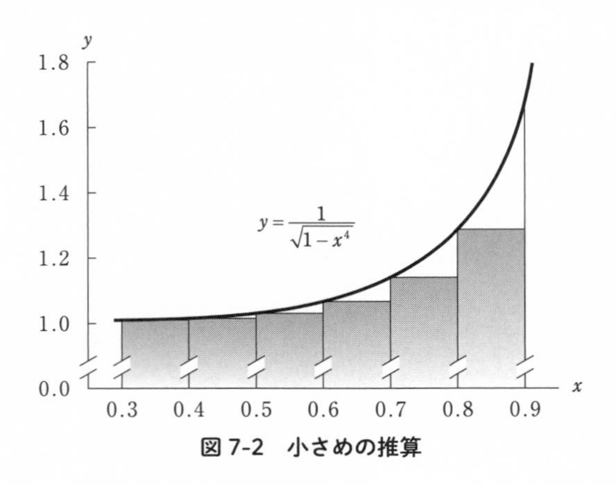

図 7-2　小さめの推算

表 7-1　棒グラフの面積を寄せ集める

x	0.3	0.4	0.5	0.6	0.7	0.8	0.9
	計 $S_{小} = 6.5705$						
$\dfrac{1}{\sqrt{1-x^4}}$	1.0041	1.0131	1.0328	1.0719	1.1472	1.3014	1.7052
		計 $S_{大} = 7.2716$					

かどが式 (7.2) の曲線に接するようにしておきました。そうすると，いちばん左側の棒グラフの面積は

$$\frac{1}{\sqrt{1-0.3^4}} \times 0.1 \fallingdotseq 1.0041 \times 0.1 = 0.10041$$

になるはずです。同様な作業を，6 本の棒グラフについて行うと，表 7-1 を参考にすれば，図 7-2 に薄ずみを施した階段状の面積は

$$S_{小} \fallingdotseq 6.5705 \times 0.1 = 0.65705 \tag{7.3}$$

と計算されます。

この値は，私たちが求めたい式 (7.2) の S よりは，明らかに小さい値です。しかし，棒グラフの柱の数を増やしさえすれば，労力はかかるにしても，いくらでも正しい値に近づくことができるでしょう。

それでは，次ページの図 7-3 のように，棒グラフの右上の隅を曲線に合わせたら，どうでしょうか。数値計算の過程は表 7-1 のとおりであり，図 7-3 に薄ずみを塗った階段状の面積は

$$S_{大} \fallingdotseq 7.2716 \times 0.1 = 0.72716 \tag{7.4}$$

となります。この値は，正しい S の値よりは明らかに大きす

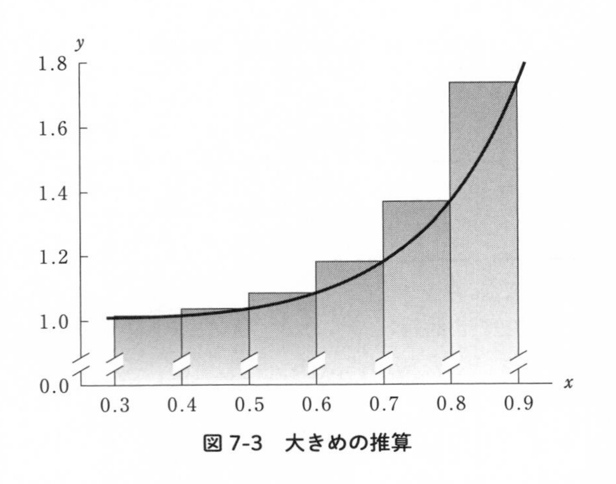

図 7-3　大きめの推算

ぎるでしょう。しかし，棒グラフの柱の数を増やしてゆけば，いくらでも正しい S の値に近づけることができるはずです。

そして，柱の数を増やしながら，小さめの推算 $S_{小}$ と，大きめの推算 $S_{大}$ とではさみ撃ちすれば，真の値 S もおおよその見当がつくことでしょう。

7.2 少し頭を使って台形公式

棒の形を改良してみる

前の節では，定積分のテクニックが使えない場合に，棒グラフを並べることによって，所望の面積をおおまかに求める方法を見ていただきました。

しかし，その計算の精度は，決して満足できるものではありませんでした。せいぜい，真の値は $S_{小} = 0.65705$ と $S_{大} = 0.72716$ の間にあるという程度の，大ざっぱなことしかわからなかったからです。そこで，その精度を向上させる方法を考えてみましょう。

精度が悪かった理由を反省してみると，面積を作っている曲線に，棒グラフの右肩を合わせても，左肩を合わせても，曲線からはみ出したり足りなかったりする面積が大きすぎるからです。それなら，そのような面積を小さくしなければなりません。

その第一の知恵が，図 7-4 です。柱の右肩も左肩も曲線に合わせてしまいましょう。こうすると，柱が長方形ではなく，台形に変わってしまいますが，曲線からはみ出したり足りなかったりする面積は明らかに減少します。

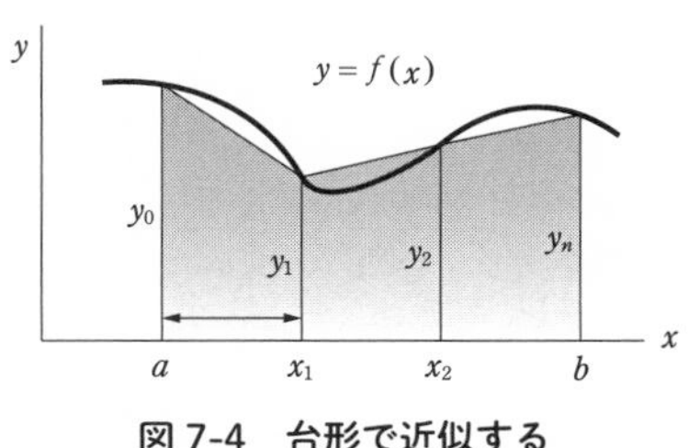

図 7-4　台形で近似する

このように，棒グラフではなく，台形グラフ（という言葉は私の造語ですが）を使うと，台形グラフの総面積は，いくらになるでしょうか。図 7-4 のように，いちばん左の台形の面積は，柱の幅を h とすれば，

$$\frac{h}{2}(y_0 + y_1)$$

です。さらに，以下同様ですから，n 本の台形が並んでいるときの総面積 S_{T} は

$$S_{\mathrm{T}} = \left\{ \frac{h}{2}(y_0 + y_1) + \frac{h}{2}(y_1 + y_2) + \cdots + \frac{h}{2}(y_{n-1} + y_n) \right\} \tag{7.5}$$

したがって

$$\boxed{S_{\mathrm{T}} = \frac{h}{2}\{y_0 + 2(y_1 + y_2 + \cdots + y_{n-1}) + y_n\}} \tag{7.6}$$

で表せることになります。この式は，**台形公式**（だいけいこうしき）と呼ばれ，定積分の数値計算にしばしば利用されます。

台形公式は，英語でトラペゾイダル・ルール（trapezoidal rule）といいます。このため，ここでは，トラペゾイダルの頭文字 T をとって，台形公式で近似的に求めた面積には S_{T} という記号を使いました。

近似値は，いかが？

さっそく，この公式を，私たちの

$$S = \int_{0.3}^{0.9} \frac{1}{\sqrt{1-x^4}}\,\mathrm{d}x \qquad (7.2) と同じ$$

に応用してみましょう。図 7-5 のように，6 本の柱を台形にして近似計算の精度を向上させようというのです。

台形の数はわずか 6 本ですから，かなり怠（なま）けた作業ではありますが，図 7-5 を描いてみると，もとの曲線と台形の直線

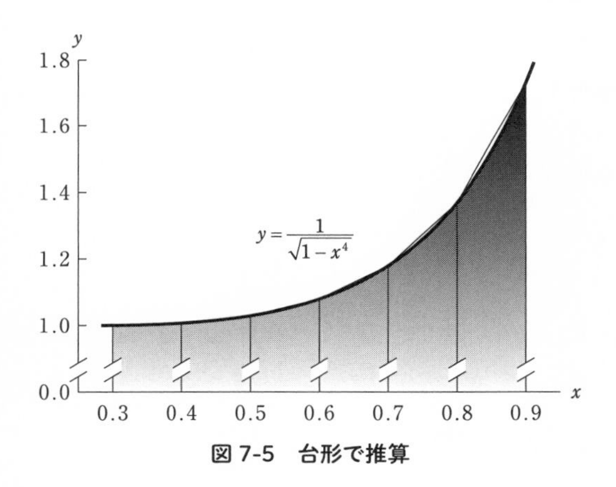

図 7-5　台形で推算

とがほとんど重なり合ってしまい，きちんと分離して印刷するのに苦労するだろうと心配になるくらいです。つまり，かなり精度のいい値になりそうなのです。

作業は，表 7-2 のように進み，式 (7.6) 右辺の { } の中は，13.8421 です。いっぽう，台形の幅 h は 0.1 ですから，

$$S_{\mathrm{T}} \fallingdotseq \frac{0.1}{2} \times 13.8421 = 0.69211 \tag{7.7}$$

となりました。

表 7-2　台形公式の下ごしらえ

x	0.3	0.4	0.5	0.6	0.7	0.8	0.9
$\dfrac{1}{\sqrt{1-x^4}}$	1.0041	1.0131	1.0328	1.0719	1.1472	1.3014	1.7052
×2	↓	2.0262	2.0656	2.1438	2.2944	2.6028	↓
	計 13.8421						

式 (7.7) の結果の S_{T} は，小さめの棒グラフで近似した式 (7.3) の $S_{小} = 0.65705$ よりは大きく，大きめの棒グラフで近似した式 (7.4) の $S_{大} = 0.72716$ よりは小さくなっています。確かに，ほんとうの値に近づいてきたようです。

7.3
もっと頭を使ってシンプソンの公式

もっと，もっと精密に

話がだんだん高級になっていきます。こんどは，データの値を，直線ではなく，放物線で滑らかに連ねたうえで面積を求めようと思います。

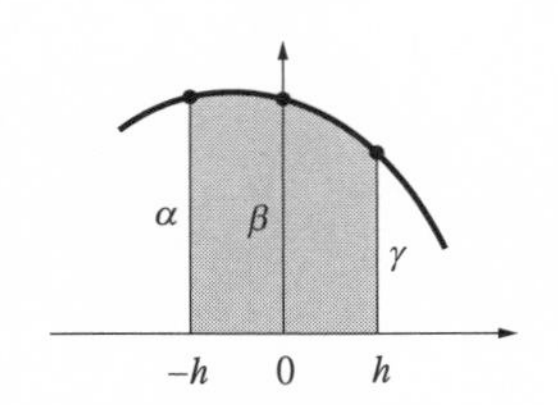

図 7-6　放物線で近似する

図 7-6 を見ていただけますか。グラフ上の

$$(-h, \alpha),\ (0, \beta),\ (h, \gamma)$$

という 3 点を，方程式

$$y = ax^2 + bx + c$$

で表される放物線でつなぐことにしましょう。この放物線と x 軸ではさまれる面積，つまり，図 7-6 に薄ずみを塗った面積を s とすると

$$s = \int_{-h}^{h} (ax^2 + bx + c)\,\mathrm{d}x = \left[\frac{a}{3}x^3 + \frac{b}{2}x^2 + cx\right]_{-h}^{h}$$
$$= \frac{2}{3}ah^3 + 2ch \qquad (7.8)$$

になります。ここで

$$\left.\begin{aligned} \alpha &= ah^2 - bh + c && ① \\ \beta &= \qquad\qquad\; c && ② \\ \gamma &= ah^2 + bh + c && ③ \end{aligned}\right\} \qquad (7.9)$$

ですから

①＋③は　$\alpha + \gamma = 2ah^2 + 2c$　④
②を代入　$\alpha + \gamma = 2ah^2 + 2\beta$　⑤
⑤を整理　$2ah^2 = \alpha - 2\beta + \gamma$　⑥
⑥から　$a = \dfrac{\alpha - 2\beta + \gamma}{2h^2}$

であることがわかります。そこで，②と⑥を式 (7.8) に入れてみてください。

$$s = \frac{1}{3}h(\alpha - 2\beta + \gamma) + 2\beta h = \frac{h}{3}(\alpha + 4\beta + \gamma) \qquad (7.10)$$

となり，これが図 7-6 の面積（3 点を放物線でつないでできる面積）なのであります。

並べるものは放物線

つづいて，データが α，β，γ の 3 つばかりではなく，た

くさんのデータが並んでいる場合へと，話を拡張していきましょう。

式 $y = f(x)$ で表される一般の曲線が，x 軸との間に作り出す面積を，A〜B の区間について求めてみたいと思います。

本来ならば，この面積は

$$\int_A^B f(x)\,\mathrm{d}x$$

という積分で書かれるはずですが，$f(x)$ は，初等関数の範囲では積分できない，つまり，この積分式は使えないと仮定しましょう。

まず，A〜B の区間を，図 7-7 のように $2n$ 等分すれば

$$y_k = f(x_k) = f(A + kh) \qquad (k = 1, 2, \cdots, 2n) \tag{7.11}$$

$$h = \frac{B - A}{2n} \tag{7.12}$$

となります。ここで，式 (7.10) の α, β, γ を連続する 3 つの y_k の値とみなして，活用することにします。

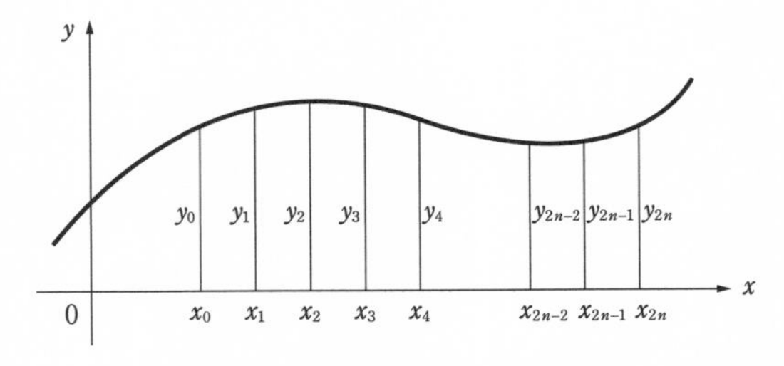

図 7-7　シンプソンの公式のために

x_0, x_1, x_2 の区間に放物線を 1 本あてはめて，x_2, x_3, x_4 の区間で別の放物線を 1 本あてはめて……というふうに，つごう n 本の異なる放物線を用意する，と考えます。これらの放物線は，1 本ごとに，先ほどの

$$s = \frac{h}{3}(\alpha + 4\beta + \gamma) \qquad (7.10) \text{ もどき}$$

で表される面積を囲んでいます。これを n 本ぶん寄せ集めてくれば，求めたい領域にほとんど一致する面積を，じょうずに囲むことができるという方針です。

その面積を S_s と書くことにすれば

$$S_\mathrm{s} = \frac{h}{3}\{(\overbrace{y_0 + 4y_1 + y_2}^{\alpha+4\beta+\gamma}) + (\overbrace{y_2 + 4y_3 + y_4}^{\alpha+4\beta+\gamma}) + \cdots + (\overbrace{y_{2n-2} + 4y_{2n-1} + y_{2n}}^{\alpha+4\beta+\gamma})\} \qquad (7.13)$$

が成り立ちましょう。あとは，式 (7.13) を整理してゆくと

$$\boxed{S_\mathrm{s} = \frac{h}{3}\{(y_0 + y_{2n}) + 4(y_1 + y_3 + \cdots + y_{2n-1}) + 2(y_2 + y_4 + \cdots + y_{2n-2})\}} \qquad (7.14)$$

という近似式を得ることができます。

この式 (7.14) は，**シンプソンの公式**と呼ばれています。定積分についての，精度の良い実用的な近似式として，盛んに用いられています。

シンプソンの公式の考え方の基本は，台形公式とまったく同じです。長方形よりも曲線に近い図形を並べようとして，n 個の台形の代わりに n 本の放物線を使ったというわけです。それなら，式

(7.14) は，台形公式と語呂を合わせて放物線公式と名づけてもよさそうなものですが，科学の慣習として，発明者であるシンプソン（1710–1761）に敬意を表しています。

なるほどの実例 7-1

シンプソンの公式を使って，問題の面積

$$S = \int_{0.3}^{0.9} \frac{1}{\sqrt{1-x^4}}\,\mathrm{d}x$$

の近似値 S_{S} を求めてください。

【 答え 】私たちのデータにシンプソンの公式をあてはめやすいように，0.3〜0.9 の区間を $2n$ 等分した幅 h を

$$h = 0.1$$

としましょう。積分範囲の分割数 $2n$ は 6 ですから，分割の幅 h は，式 (7.12) によって

$$h = \frac{0.9 - 0.3}{6} = 0.1 \tag{7.15}$$

で，つじつまが合っています。

また，分割の境目（0.3, 0.4, ⋯, 0.9）における関数 $1/\sqrt{1-x^4}$ の値（$y_1, y_2, \cdots, y_6$）を，表 7-1 や表 7-2 と重複することをお許しいただいて，表 7-3 に載せてあります。

では，これらの値をシンプソンの公式 (7.14) に入れて計算してみてください。

$$S_{\mathrm{s}} = \frac{0.1}{3}\{(1.0041 + 1.7052) + 4(1.0131 + 1.0719 + 1.3014)$$

表 7-3　シンプソンの公式の下ごしらえ

x_i	$x_0 = 0.3$	$x_1 = 0.4$	$x_2 = 0.5$	$x_3 = 0.6$	$x_4 = 0.7$	$x_5 = 0.8$	$x_6 = 0.9$
y_i	$y_0 =$ 1.0041	$y_1 =$ 1.0131	$y_2 =$ 1.0328	$y_3 =$ 1.0719	$y_4 =$ 1.1472	$y_5 =$ 1.3014	$y_6 =$ 1.7052

$$
\begin{aligned}
&+2(1.0328+1.1472)\} \\
&= \frac{0.1}{3}(2.7093+3.3864\times 4+2.1800\times 2) \\
&= \frac{0.1}{3}\times 20.6149 \fallingdotseq 0.68716 \qquad \cdots \text{（答え）}
\end{aligned}
\tag{7.16}
$$

という，非常に確からしい答えが求まりました。■

Column 15

近似の精度は？

長方形の寄せ集めに始まって，台形公式，シンプソンの公式と，順々に精度を高めてきました。コンピュータを使って，もっと精密な面積 S の値を計算してみると，0.6864318…となります。

上で行った，それぞれの近似の結果を比べてみれば

長方形の寄せ集め	$S_{小} = 0.65705$ と $S_{大} = 0.72716$ の間
台形公式	$S_{\mathrm{T}} = 0.69211$
シンプソンの公式	$S_{\mathrm{s}} = 0.68716$
コンピュータ	$S = 0.6864318\cdots$

です。だんだんと，厳密な値に近づいていっていることがわかるでしょう。

このとおり，コンピュータを駆使しないと求められない精密値に対して，わずか 0.1%の誤差まで，簡単な手計算で迫ることが

できるのですから，シンプソンの公式の素晴らしさがうかがえようというものです。

7.4 テイラー級数で未来をいいあてる

話題が変わりますが……

いきなりで恐縮ですが，図 7-8 をごらんください。x 軸を横軸とするこの平面上には，ある関数 $f(x)$ で表される曲線が走っているはずなのですが，その姿は見えません。

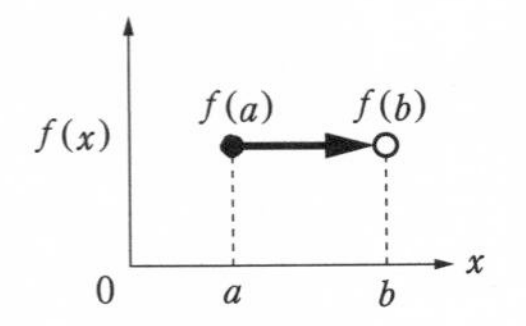

図 7-8　行き先は，どこ？

わかっていることは，その曲線が，$x = a$ のところにある，●印の点を通過することだけです。逆にいえば，●は $f(a)$ の値を示しているわけです。

では，x が a から b に変わったときの $f(x)$ の値，すなわち，$f(b)$ を推測するとしたら，どう考えればいいでしょうか。

なにしろ，$f(x)$ の値が x につれて増加するのか減少するのかさえ皆目わからないのですから，x が変わっても $f(x)$

は横ばいをつづけると考えるのが，もっとも素直なところでしょう。明日についての情報がまったくなければ，明日も今日と同じとみなすほかないようにです。

そういうわけで

$$f(b) = f(a) \tag{7.17}$$

という未来予測を立てることにしましょう。ずいぶん，知恵のない予測なので，これを，かりに**ゼロ次近似**とでも呼びましょうか。

つぎに，図 7-9 を見てください。こんどは，$x = a$ における $f(x)$ の値，つまり $f(a)$ のほかに，その位置における $f(x)$ 曲線の傾き $f'(a)$ がわかっています。この場合，$x = b$ における $f(x)$ の値を予測するとすれば，その傾きが $(b - a)$ の幅にわたって持続されて，$f(b)$ は

$$f(b) = f(a) + (b - a)f'(a) \tag{7.18}$$

になると考えるのが自然です。ゼロ次近似よりは，かなり上等になりました。この近似を，**第 1 次近似**と呼ぶことにしましょう。

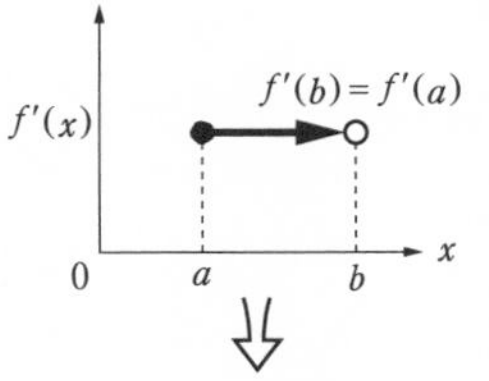

図 7-9　方向がわかっていれば

もっと正しい推測のために

$f(b)$ についての第 1 次近似は，b が a のごく近くにあるうちは，かなり正しい値を示しそうです。実際の $f(x)$ の曲線

がいくらかカーブしていても，b と a とが近ければ，カーブによるズレは，それほど大きくはないからです。

しかし，カーブが激しかったり，b と a との距離が大きかったりすると，式 (7.18) による推測の誤差は無視できなくなってきます。そこで，●点における曲線の傾き $f'(a)$ に加えて，●点における曲線の傾きの変化率，いい換えれば曲線の湾曲の強さ $f''(a)$ も付加して，$f(b)$ の予測の精度を向上してやりましょう。

図 7-10 を見ながら話に付き合ってください。ゼロ次近似のときには $f(x)$ が横ばい（一定）と考え，第 1 次近似のときには $f'(x)$ が持続すると考えてきたのを一歩すすめて，こんどは，a と b の間では $f''(a)$ が一定と考えようというわけです。

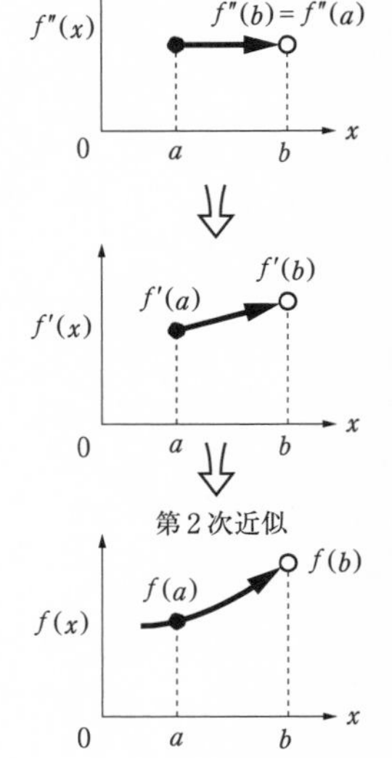

図 7-10　曲がりがわかっていれば

そうすると $f'(x)$ は，中段の図のように，一定の傾きで増大してゆき，a と b との間の点 x では

$$f'(x) = f'(a) + (x - a)f''(a) \tag{7.19}$$

となっているはずです。その結果，$f(x)$ の曲線は下段の図のように，放物線を描くことになり，b の位置における $f(x)$ の値は，$f(a)$ の値に加えて，a から b までの $f'(x)$ が積算されるのですから

$$
\begin{aligned}
f(b) &= f(a) + \int_a^b f'(x)\,\mathrm{d}x \\
&= f(a) + \int_a^b \{f'(a) + (x-a)f''(a)\}\,\mathrm{d}x
\end{aligned}
$$

で表されることになります。この積分は，形はゴツイのですが，$f'(a)$ も $f''(a)$ も定数にすぎませんから，計算は，いたって簡単です。

$$
\begin{aligned}
&= f(a) + \left[xf'(a) + \left(\frac{1}{2}x^2 - ax\right)f''(a)\right]_a^b \\
&= f(a) + (b-a)f'(a) + \left(\frac{1}{2}b^2 - ab - \frac{1}{2}a^2 + a^2\right)f''(a) \\
&= f(a) + (b-a)f'(a) + \frac{(b-a)^2}{2}f''(a) \qquad (7.20)
\end{aligned}
$$

ということになります。このように推測された $f(b)$ の値は，●点から，その位置での傾きの方向に直線的に延長してみた $f(b)$ の第 1 次近似よりも，さらに正しい値に近づくにちがいありません。そこで，式 (7.20) で与えされた $f(b)$ の値は，**第2次近似**(だいにじきんじ)と呼ぶにふさわしいものです。

第 3 次も，第 4 次も，お手のもの

上を望めば，きりがありません。さらに，a と b との間では $f'''(a)$ が一定であるとして，**第3次近似**(だいさんじきんじ)を求めていこうと思います。次ページの図 7-11 のようにです。

計算の手順は，第 2 次近似を求めたときと同様です。ただし，こんどは湾曲の強さ $f''(x)$ が

$$
f''(x) = f''(a) + (x-a)f'''(a) \qquad (7.21)
$$

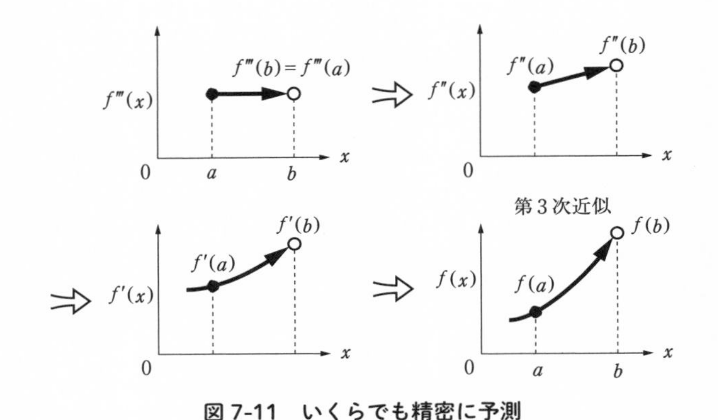

図 7-11　いくらでも精密に予測

のように変化しますから，傾き $f'(x)$ は

$$\begin{aligned} f'(x) &= f'(a) + \int_a^x f''(x)\,\mathrm{d}x \\ &= f'(a) + \int_a^x \{f''(a) + (x-a)f'''(a)\}\,\mathrm{d}x \\ &= f'(a) + (x-a)f''(a) + \frac{(x-a)^2}{2}f'''(a) \end{aligned} \tag{7.22}$$

ということになります。したがって，第 3 次近似の $f(b)$ は

$$\begin{aligned} f(b) &= f(a) + \int_a^b f'(x)\,\mathrm{d}x \\ &= f(a) + \int_a^b \left\{ f'(a) + (x-a)f''(a) \right. \\ &\qquad\qquad \left. + \frac{(x-a)^2}{2}f'''(a) \right\} \mathrm{d}x \\ &= f(a) + \left[xf'(a) + \left(\frac{1}{2}x^2 - ax\right) f''(a) \right. \end{aligned}$$

$$
\left.+\frac{1}{2}\left(\frac{1}{3}x^3 - ax^2 + a^2x\right)f'''(a)\right]_a^b
$$

$$
\begin{aligned}
&= f(a) + (b-a)f'(a) \\
&\quad + \frac{(b-a)^2}{2}f''(a) + \frac{(b-a)^3}{3\cdot 2}f'''(a) \qquad (7.23)
\end{aligned}
$$

というわけです。お疲れさまでした。

これで，ゼロ次近似から第 3 次近似までの 4 段階の近似式が出揃いましたので，並べてみましょう。

$$
\begin{aligned}
f(b) &= f(a) \\
f(b) &= f(a) + \frac{b-a}{1}f'(a) \\
f(b) &= f(a) + \frac{b-a}{1}f'(a) + \frac{(b-a)^2}{2\cdot 1}f''(a) \\
f(b) &= f(a) + \frac{b-a}{1}f'(a) + \frac{(b-a)^2}{2\cdot 1}f''(a) \\
&\qquad + \frac{(b-a)^3}{3\cdot 2\cdot 1}f'''(a)
\end{aligned}
$$

というぐあいに，非常にはっきりした規則性が見てとれます。このまま，第 4 次，第 5 次とつづけていけば，**第 n 次近似**（だいエヌじきんじ）は

$$
\begin{aligned}
f(b) = f(a) &+ \frac{(b-a)}{1}f'(a) + \frac{(b-a)^2}{2\cdot 1}f''(a) + \cdots \\
&+ \frac{(b-a)^n}{n!}f^{(n)}(a) \qquad (7.24)
\end{aligned}
$$

となるにちがいありません。

ここで，$n!$ は $1 \times 2 \times 3 \times \cdots \times n$ を表す記号であり，n の階乗と読みます（50 ページ脚注）。$f^{(n)}$ は f の n 階導関数のことで

す（第 3 章，120 ページ）。

これが級数展開だ

ここまでは，$f(a)$ を出発点にして $f(b)$ の値を求めるための近似式を作ってきましたが，b という特定の位置にこだわる必要はありませんから，b と x と書き直して，もっと一般的な式に改めましょう。そうすると

$$f(x) = f(a) + \frac{(x-a)}{1}f'(a) + \frac{(x-a)^2}{2!}f''(a) + \cdots + \frac{(x-a)^n}{n!}f^{(n)}(a) \tag{7.25}$$

となって，x が a のときのデータをもとに，任意の x についての $f(x)$ の近似値を求めるための近似式ができ上がります。

近似式といっても，n を大きくしさえすれば，いくらでも真の値に近づけることができるのですから，いばったものです。そこで，n を途中で切らずにつづけて書けば

$$f(x) = f(a) + \frac{(x-a)}{1}f'(a) + \frac{(x-a)^2}{2!}f''(a) + \cdots + \frac{(x-a)^n}{n!}f^{(n)}(a) + \cdots \tag{7.26}$$

となるでしょう。式 (7.26) を，$x = a$ を中心とする $f(x)$ の**テイラー級数**といいます。テイラーは，もちろん人名です。

級数とは，ある数値の並び（数列）を，1 項めから全部足したものを指します。そして，ある関数を級数で表現することを，**級数展開**といいます。

この級数は，なかなかの利用価値をもっています。1 つだけ，実例を見ていただきましょうか。

なるほどの実例 7-2

$\sin 30°$，すなわち，$\sin(\pi/6)$ が 1/2 であることは，図のような関係によって，周知の事実です。そこで，この事実からスタートして

$$\sin(\pi/7)$$

の値を求めてください。

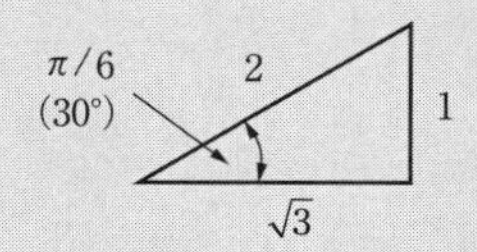

図 7-12　直角三角形

【　答え　】さっそく始めましょう。式 (7.26) を利用するために

$$f(x) = \sin x \tag{7.27}$$

$$f(a) = f\left(\frac{\pi}{6}\right) = \sin\frac{\pi}{6} = \frac{1}{2} \tag{7.28}$$

とすれば，図 7-12 を参考にして

$$\left.\begin{array}{ll} f'(x)=\cos x & f'\left(\dfrac{\pi}{6}\right)=\dfrac{\sqrt{3}}{2} \\ f''(x)=-\sin x & f''\left(\dfrac{\pi}{6}\right)=-\dfrac{1}{2} \\ f'''(x)=-\cos x & f'''\left(\dfrac{\pi}{6}\right)=-\dfrac{\sqrt{3}}{2} \\ f''''(x)=\sin x & f''''\left(\dfrac{\pi}{6}\right)=\dfrac{1}{2} \\ \cdots\cdots & \cdots\cdots \end{array}\right\} \tag{7.29}$$

とつづいていきます。これらの値を式 (7.26) に代入しましょう。そうすると

$$\begin{aligned} \sin x = f\left(\frac{\pi}{6}\right) &+ \frac{\left(x-\dfrac{\pi}{6}\right)}{1} f'\left(\frac{\pi}{6}\right) + \frac{\left(x-\dfrac{\pi}{6}\right)^2}{2} f''\left(\frac{\pi}{6}\right) \\ &+ \frac{\left(x-\dfrac{\pi}{6}\right)^3}{6} f'''\left(\frac{\pi}{6}\right) \\ &+ \frac{\left(x-\dfrac{\pi}{6}\right)^4}{24} f''''\left(\frac{\pi}{6}\right) + \cdots \end{aligned}$$

であることがわかります。そこで，この式に，$x=\pi/7$ と，式 (7.28) および式 (7.29) の具体的な数値を代入してください。

$$\begin{aligned} \sin\frac{\pi}{7} = \frac{1}{2} &+ \frac{\left(\dfrac{\pi}{7}-\dfrac{\pi}{6}\right)}{1} \times \frac{\sqrt{3}}{2} + \frac{\left(\dfrac{\pi}{7}-\dfrac{\pi}{6}\right)^2}{2} \times \left(-\frac{1}{2}\right) \\ &+ \frac{\left(\dfrac{\pi}{7}-\dfrac{\pi}{6}\right)^3}{6} \times \left(-\frac{\sqrt{3}}{2}\right) \\ &+ \frac{\left(\dfrac{\pi}{7}-\dfrac{\pi}{6}\right)^4}{24} \times \frac{1}{2} + \cdots \end{aligned}$$

$$\fallingdotseq 0.50000 - 0.06478 - 0.00140 + 0.00006$$
$$+ 0.00000 - \cdots$$
$$\fallingdotseq 0.43388 \quad \cdots（答え）$$

となって，めでたく $\sin(\pi/7)$ の値が求まりました。 ■

なお，$\sin(\pi/7)$ のもっと厳密な値をコンピュータで計算すると

$$0.4338837\cdots$$

ですから，テイラー級数を利用した近似計算は十分な精度をもっていることがわかります。

いまの例では，テイラー級数を 5 項めで打ち切って近似計算をしましたが，必要とあれば，いくらでも多くの項を利用することができます。そうなりますと，近似計算などと遠慮する必要はなく，無理数についての本格的な数値計算法とみなすことができるのです。

7.5 便利な便利なマクローリン級数

ゼロがいちばん簡単です

テイラー級数によれば，a の位置における各種の情報，$f(a)$，$f'(a)$，$f''(a)$，$\cdots$ を利用して，任意の位置における

$f(x)$ の値を，希望どおりの詳しさで求めることができるのでした。

したがって，テイラー級数を利用するには，a の位置を，$f(a)$，$f'(a)$，$f''(a)$，$\cdots$ などが求めやすいところに選ぶ必要があります。271 ページの「なるほどの実例 7-2」をふり返っていただくと，その配慮がいき届いていることに気が付きます。

こういう観点からいえば，ふつうの関数では，$f(a)$，$f'(a)$，$f''(a)$ などがもっとも計算しやすいのは，a が 0 の場合が多いと思われます。そこで，式 (7.26) の a を 0 としてみましょう。そうすると

$$f(x) = f(0) + xf'(0) + \frac{x^2}{2!}f''(0) + \cdots + \frac{x^n}{n!}f^{(n)}(0) + \cdots \tag{7.30}$$

という式に変わります。この式は，**マクローリン級数**と呼ばれています。

マクローリン級数は，もちろん「$x = 0$ を中心とするテイラー級数」と呼んでもかまいません。歴史上，テイラーが式 (7.26) を，マクローリンが式 (7.30) を，それぞれ独立に発見したことから，2 人の名前が残っています。

マクローリンさん，大活躍

この級数が，どれほど便利かを，実例で見ていただきましょう。

まず，$f(x) = \sin x$ をマクローリン級数に展開してみます。

$$
\begin{array}{ll}
f(x) = \sin x & f(0) = 0 \\
f'(x) = \cos x & f'(0) = 1 \\
f''(x) = -\sin x & f''(0) = 0 \\
f'''(x) = -\cos x & f'''(0) = -1 \\
f''''(x) = \sin x & f''''(0) = 0 \\
f'''''(x) = \cos x & f'''''(0) = 1 \\
\cdots\cdots & \cdots\cdots
\end{array}
$$

とつづきますから，これらの値を式 (7.30) に代入すれば

$$
\begin{aligned}
\sin x &= 0 + x - \frac{x^2}{2!} \cdot 0 - \frac{x^3}{3!} + \frac{x^4}{4!} \cdot 0 + \frac{x^5}{5!} - \cdots \\
&= x - \frac{x^3}{3!} + \frac{x^5}{5!} - \cdots + (-1)^n \frac{x^{2n+1}}{(2n+1)!} + \cdots
\end{aligned}
\tag{7.31}
$$

と展開されます。

さらに，$\sin x$ と並んで利用度の高い関数のマクローリン展開を，いくつか紹介しておきましょう。どなたでも，上で述べたとおりになされれば，容易に作り出すことができます。

$$
\cos x = 1 - \frac{x^2}{2!} + \frac{x^4}{4!} - \frac{x^6}{6!} + \cdots \tag{7.32}
$$

$$
e^x = 1 + x + \frac{x^2}{2!} + \frac{x^3}{3!} + \cdots \tag{7.33}
$$

$$
(1+x)^n = 1 + nx + \frac{n(n-1)}{2!}x^2 + \frac{n(n-1)(n-2)}{3!}x^3 + \cdots \tag{7.34}
$$

なお，関数電卓では三角関数や対数・指数の値が自在に使

われますが，もちろん，お察しのとおり，それらの数表を機械が記憶しているのではなく，必要のつど，テイラー級数などを使って作り出しているのです。もちろん，実際の機械では，正確な値を速く作り出すために，ここには挙げなかったいろいろな工夫や知恵が使われているにちがいありません。

ちょっと脇道にそれますが，ここまでに，なんべんか，x が小さいときには

$$\sin x \fallingdotseq x \tag{7.35}$$

とみなせると書いてきましたが，式 (7.31) によってその事実が確認できます。x が小さくなれば，x^3 や x^5 の項は x の項よりはるかに小さくなって無視できるので，式 (7.31) の右辺は，第 2 項の x だけを残せば十分だからです。

たまたま $\sin x$ のマクローリン展開には x^2 の項がなかったので，結果的に x^3 から先を切り捨てることになりましたが，一般には「x が小さい場合，x^2 は非常に小さいので無視する」と考えることになっています。たとえば，式 (7.34) で x^2 から先を無視した

$$(1+x)^n \fallingdotseq 1+nx$$

という式が，よく利用されています。

このように，マクローリン展開された $\sin x$ の式 (7.31) などは，必要に応じて，右辺の不必要な項を切り捨てて使えるので，実務的な数学の道具としては，たいへん有用です。

＼ちょこっと／練習 7-1

年利 3%の複利でお金を借りました。3 年後の元利合計は，元金の約なん倍になっていますか。暗算で即答してください。さらに，4 年後，5 年後，……，と進んでゆくと，どうなるでしょう。答えは 280 ページにあります。

[ヒントはこちら→]　年利 X%ならば，n 年後の元利合計は，元金の

$$(1+x)^n \qquad (X/100 = x \text{ とおく})$$

倍の額になっています。そこで，式 (7.34) の出番です。

7.6 点の近くで役立つ近似式

接線の意外な利用法

次ページの図 7-13 のように，$y = f(x)$ の曲線がのたくっています。ある理由で，$x = x_0$ の付近での変化にとくに関心があるので，その付近の曲線を直線で近似しておきたいと思います。その直線の方程式を求めてください。

なんのことはありません。動機はともあれ，これは，$y = f(x)$ の曲線に，$x = x_0$ の点で接する接線を引こうとしているに過ぎないではありませんか。それなら，私たちは，すでに 78–80 ページで体験ずみです。そっと，そのペー

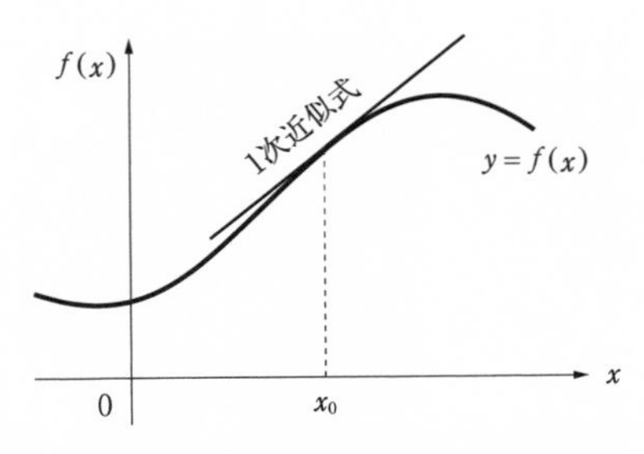

図 7-13　x_0 における 1 次近似式

ジをのぞいていただくと，その接線の方程式は

$$y - f(x_0) = f'(x_0)(x - x_0) \qquad \text{(2.52) と同じ}$$

となっています。この中の y は $f(x)$ のことですから，上の式を書き直すと

$$f(x) = f(x_0) + (x - x_0)f'(x_0) \qquad \text{(2.52) もどき}$$

となり，これが，私たちが求めている近似のための方程式となります。

この式 (2.52) もどきで，x_0 を a，x を b とすれば，テイラー展開を 1 階微分で打ち切った，式 (7.18) の第 1 次近似とまったく同じになります。あたりまえのことですが……。

なるほどの実例 7-3

関数

$$f(x) = \frac{1}{1+x}$$

について，$x=0$ の近傍での近似式を求めてください。

【　答え　】何はともあれ，$f(x)$ の導関数を求めると

$$f'(x) = \frac{\mathrm{d}}{\mathrm{d}x}\frac{1}{1+x} = -\frac{1}{(1+x)^2}$$

なので，$f'(0) = -1$ です。また，原式に 0 を代入すればわかるように，$f(0) = 1$ です。

したがって，$x \fallingdotseq 0$ とみなせる範囲での近似式は，式 (2.52) にこれらの値を代入すれば

$$f(x) = \underbrace{f(x_0)}_{f(0)=1} + \underbrace{(x-x_0)}_{x}\underbrace{f'(x_0)}_{-1}$$

となります。整理すれば，

$x=0$ の近傍の近似式は，$f(x) = 1 - x$　　…（答え）

という次第です。

記号がまぎらわしくて困る場合は，近似式を $g(x)$ とでもして

$$g(x) = 1 - x$$

とするほうが，いいかもしれません。 ∎

\ちょこっと/ 練習 7-1 P277 の答え

年利 3%なら，x は 0.03 です。これは，1 に比べてかなり小さい値です。よって，x^2 の項以降は省略すると

$$(1+x)^n \fallingdotseq 1+nx$$

となります。3 年後には 1.09 倍，4 年後は約 1.12 倍，5 年後には 1.15 倍くらい，……，と，暗算で十分求めることができます。

第8章

微分方程式へのお誘い

微分方程式入門

純国産ロケットH-IIA。燃料を激しく噴(ふ)き出して巨体を空に持ち上げる様子は，微分方程式のかっこうの題材です。

8.1
目減りを支配する微分方程式

沸騰した湯が凍ってしまう？

のっけから，クイズです。

QUIZ

ヤカンのお湯が沸騰（ふっとう）しました。100℃になったのでしょう。火を止めて放置しておいたら，30分後には55℃になりました。さらに30分間放置したら，なん℃くらいになるでしょうか。室温は，ちと寒いですが，0℃で一定としましょう。

「10℃になる」と即答された方は，算術の力はまあまあですが，やや洞察力が足りないように思われます。30分ごとに45℃ずつ冷えていったら，さらに30分後にはマイナス35℃になって凍りついてしまうではありませんか。そのようなことは現実には起こりませんから，どこかに考え違いがありそうです。

熱は，温度の高いほうから温度の低いほうへと流れます。そして，温度の高低の差が激しいほど，熱の流れもまた激しいはずです。そこで，ヤカンの温度の変化率は，そのときのお湯と外気との温度差に正比例すると考えましょう。

つまり，温度差を T，経過した時間を t，そして k を定数とおいて

$$\frac{\mathrm{d}T}{\mathrm{d}t} = -kT \tag{8.1}$$

と考えてください。こうすれば，温度の下がる速さが，温度差が小さくなるにつれて弱まっていく事実が表せるではありませんか。

右辺にマイナス符号がついているのは，温度差 T が増えると，高いほうの温度がマイナスされていくさまを表しているからです。

さて，式 (8.1) をじっくりと見てください。この方程式には，いままでに扱ってきた方程式とは異なる特徴が 1 つあります。方程式の中に

$$\frac{\mathrm{d}T}{\mathrm{d}t}$$

という，微分された項が組み込まれているのです。このように，微分項を含む方程式は，**微分方程式**（びぶんほうていしき）と呼ばれています。

微分方程式は，社会科学や自然科学における現象をダイナミックに取り扱うためには，必須の得物です。社会科学や自然科学で，なんのために微積分を学ぶかと問われたら，「微分方程式を解くため」と答えれば，まず間違いがないくらいなのです。

では，微分方程式 (8.1) を解いていきましょう。微分方程式を解くというのは，式の中から微分項を消去して，式 (8.1) でいえば，

$$T\text{ を }t\text{ の関数として表す}$$

という意味です。

微分方程式を解いてみる

式 (8.1) を解くのは，簡単です。以前に，118 ページで，$\mathrm{d}t$ のような記号をふつうの文字のように掛けたり割ったりしても，考え方としては問題はあるものの，形式的にはつじつまが合う……とお話ししました。この知恵を，式 (8.1) にも活用しようと思うのです。

そこで，問題の式

$$\frac{\mathrm{d}T}{\mathrm{d}t} = -kT \qquad \text{(8.1) と同じ}$$

の両辺に $\mathrm{d}t$ を掛けるとともに，両辺を T で割っていただけませんか。そうすれば

$$\frac{1}{T}\mathrm{d}T = -k\mathrm{d}t \qquad (8.2)$$

と，**T の項は左辺に，t の項は右辺に，というふうに分離された形**になるでしょう。

この両辺を積分してみてください。つまり，両辺に，左からミミズを 1 本ずつかぶせて

$$\int \frac{1}{T}\,\mathrm{d}T = -k\int \mathrm{d}t \qquad (8.3)$$

という形に持ち込んでください。この積分計算を実行すれば

$$\log T = -kt + C \qquad (8.4)$$

となってくれます。C は，両辺に発生した積分定数を 1 つに

まとめたものです。

この微分項を含まない式 (8.4) が導かれたことをもって，「微分方程式 (8.1) は解かれた」と称しています。こうして求めた式 (8.4) は，式 (8.1) の**一般解**（いっぱんかい）といわれるものです。

しかし，一般解においては，まだ積分定数 C の素姓（すじょう）が不明です。そこで，経過時間が 0 のときの温度が T_0 である（こういう条件を**初期条件**（しょきじょうけん）*といいます）とすると

$$t = 0 \quad \text{で} \quad T = T_0 \tag{8.5}$$

なので，式 (8.4) から

$$C = \log T_0 \tag{8.6}$$

です。これを式 (8.4) に戻して整理すると

$$\log T = -kt + \log T_0 \tag{8.7}$$

ゆえに　$$\log \frac{T}{T_0} = -kt$$

したがって　$$\frac{T}{T_0} = e^{-kt}$$

すなわち　$$T = T_0 e^{-kt} \tag{8.8}$$

というぐあいに，温度 T の推移を示す式が求まりました。このように，積分定数も消えて，私たちの問題に即応できるような解を，**特殊解**（とくしゅかい）といいます。特殊解は，一般解の対義語です。

---

* 時間的な区切りのスタート時点の条件を初期条件というのに対して，空間の境目における条件は**境界条件**（きょうかいじょうけん）といいます。数学的な取り扱い方は，同じです。

特殊解を略して**特解**(とっかい)という人もいますが，意味は変わりません。いずれにせよ，英語の special solution の翻訳です。

温度の目減りを

では，式 (8.8) によって，私たちの問題の答えを出しておきましょう。そのためには，e^{-kt} の数値が必要になるので，市販されている e^{-x} の数表のごく一部を表 8-1 に抜き書きするとともに，x と e^{-x} の関係を図 8-1 に描いておきました。

では，この表と図に従って，私たちの答えを求めていきましょう。まず，式 (8.8) に 100℃ からスタートした温度差が 30 分で 55℃ になったというデータを入れてみます。すなわち

$$55 = 100e^{-30k} \tag{8.9}$$

$$\text{ゆえに}\quad e^{-30k} = 0.55$$

表 8-1 によれば，e^{-x} がほぼ 0.55 のときの x は 0.6 です

表 8-1　e^{-x} の値

x	e^{-x}	x	e^{-x}
0.0	1.000	1.0	0.368
0.1	0.905	1.2	0.301
0.2	0.819	1.5	0.223
0.3	0.741	2.0	0.135
0.4	0.670	2.5	0.082
0.5	0.607	3.0	0.050
0.6	0.549	3.5	0.030
0.7	0.497	4.0	0.018
0.8	0.449	5.0	0.0067
0.9	0.407	6.0	0.0025

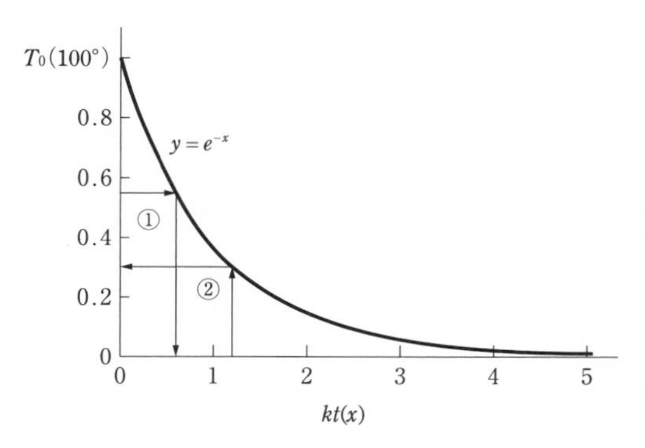

図 8-1　x と e^{-x} との関係

から

$$30k = 0.6 \qquad \text{ゆえに} \quad k = 0.02$$

であることがわかります。それなら，60 分後（$t = 60$）の温度は，式 (8.8) にこれらの値を代入して

$$T = 100e^{-0.02\times 60} = 100e^{-1.2} \tag{8.10}$$

表 8-1 によれば，$e^{-1.2}$ は 0.301 ですから

$$T = 100 \times 0.301 \fallingdotseq 30 \tag{8.11}$$

となり，最初から 60 分後には約 30℃ になるであろうことが判明しました。

以上の思考過程を，図 8-1 の中に①と②の矢印で示してあります。①は，実績のデータを e^{-x} の曲線にぶつけて，その現象の $kt\,(x)$ を求め，②は，新しい kt に対応する e^{-x} の値を求めていることを示しています。

図 8-1 の曲線は**指数曲線**（しすうきょくせん）と名付けられています。ただし，現在の残量に比例して，だんだんに衰えていく様子を表しているので，**減衰曲線**（げんすいきょくせん）と呼ばれることも少なくありません。物理学や QC（品質管理）のある分野では主役を演じたりもしますから，覚えておいて損はないでしょう。

8.2 微分方程式を解くということは？

絵に描けば，よくわかる

一般解だの，特殊解だの，聞き慣れない用語が使われることもあって，微分方程式を解くという意味がわかりにくい人もあるかもしれません。そこで，その意味を絵解きしてみました。図 8-2 を見ながら，話に付き合ってください。この図は，かりに

$$\frac{\mathrm{d}y}{\mathrm{d}x} = -y \tag{8.12}$$

という，もっともシンプルな微分方程式を題材に選んであります。

この微分方程式 (8.12) は

$y = 0$ のときには，x の値にかかわらず，常に傾き $\dfrac{\mathrm{d}y}{\mathrm{d}x}$ はゼロ

$y = 1$ のときには，傾きはマイナス 1（つまり，45° の右下がり）

$y = 2$ のときには，傾きはマイナス 2

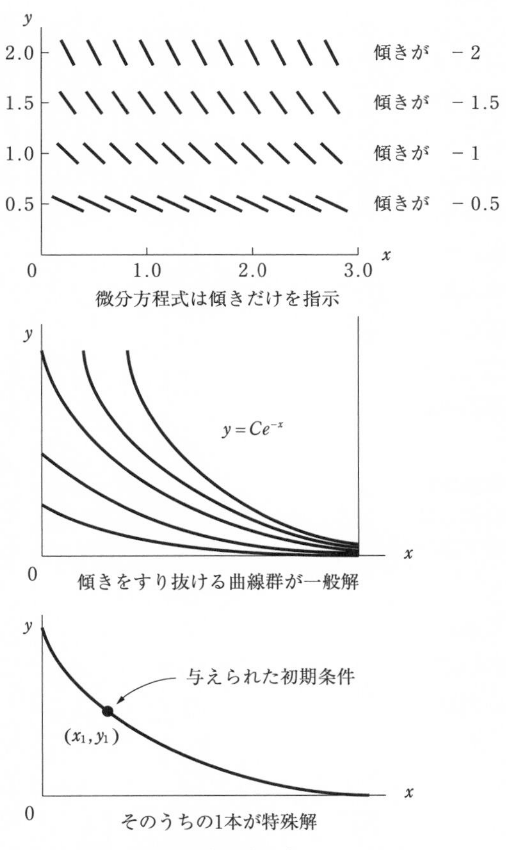

図 8-2　微分方程式を解くということ

…………

を満たすような y を決めてくれ，と要求しております。

この要求を図示したのが，図 8-2 のいちばん上の図です。

式 (8.12) を満足する答えは，傾きについてのこの要求に沿っていなければなりません。

逆の見方をすれば，これらの傾きという障害物を滑らかにすり抜ける曲線のすべてが式 (8.12) の解になっているはずです。そのような曲線は，なん本でも描けます。図 8-2 の中央の図のようにです。このような曲線のグループが，**一般解**なのです。

私たちの微分方程式 (8.12) の場合なら，式 (8.2)〜(8.4) のときと同じように

$$\int \frac{\mathrm{d}y}{y} = -\int \mathrm{d}x$$

$$\log y = -x + C$$

$$\text{ゆえに} \quad y = Ce^{-x} \tag{8.13}$$

ですから，C の値を変えていけば，なん本でも曲線が描ける理屈です。

ところが，微分方程式を現実の問題に適用するときには，この曲線があらかじめ決められた 1 つの点を通ることが必要であることが少なくありません。前節の例でいえば，式 (8.5) で $t = 0$ のときに $T = T_0$ としたようにです。

そこで，図 8-2 の下部の図のように，(x_1, y_1) を通ることを要求すると，曲線群の中から，ただ 1 本だけが採用されることになります。これが**特殊解**というわけです*。そして，曲線が通ってほしい点を指定する，(x_1, y_1) のような条件を，

---

* 数学者は，1 個の特殊解を表す曲線を 1 本の**解曲線**(かいきょくせん)と呼び，また一般解を表す無数の曲線のグループのことを，**解曲線群**(かいきょくせんぐん)（または**解曲線族**(かいきょくせんぞく)）と呼んでいます。

初期条件と呼んでいます。

この例のように，(x_1, y_1) がグラフの中間にある場合は，初期条件という呼び名に違和感を覚えるかもしれません。初期条件という言葉は，式 (8.5) のように，すなわち，初期（$t = 0$ のとき）の条件が T_0 という与え方をされることが多いので，この呼び名がついたもののようです。数学上の扱いとしては，どの時刻で条件が与えられていても同じことです。

名前の付け方をご紹介

微分方程式を解く作業工程で，いくつかの呼び名をご紹介したついでに，微分方程式そのものの呼び名もご紹介しておこうと思います。

$\mathrm{d}y/\mathrm{d}x$ のように，微分してできた関数は導関数です。そして，微分を施した回数を階数といい

$$\frac{\mathrm{d}y}{\mathrm{d}x} \quad \text{は　1 階の導関数，} \quad \frac{\mathrm{d}^2y}{\mathrm{d}x^2} \quad \text{は　2 階の導関数}$$

と呼ぶことは，第 3 章の 119 ページでご紹介したとおりです。また，微分方程式の業界では，導関数どうしを掛け合わせる回数を**次数**（じすう）と呼び

$$\frac{\mathrm{d}y}{\mathrm{d}x} \text{ は　1 次の導関数}$$

$$\left(\frac{\mathrm{d}y}{\mathrm{d}x}\right)^2 \text{ は　2 次の導関数}$$

――以下，同様――

などと名付けるのが習わしです。これらを組み合わせると

$$\frac{\mathrm{d}y}{\mathrm{d}x} \quad \text{は　1 階 1 次の導関数}$$

$$\left(\frac{\mathrm{d}^3 y}{\mathrm{d}x^3}\right)^2 \quad \text{は　3 階 2 次の導関数}$$

と呼ぶことになります。

微分方程式に対しては，その中に使われている導関数の最高の階数と，導関数および未知の関数の最高次数とで呼び名が作られます。たとえば

$$\frac{\mathrm{d}T}{\mathrm{d}t} = -kt \quad \text{（式 (8.1) と同じ）は「1 階 1 次の微分方程式」}$$

$$\frac{\mathrm{d}^3 y}{\mathrm{d}x^3} + k\left(\frac{\mathrm{d}y}{\mathrm{d}x}\right)^2 = h \quad \text{は　「3 階 2 次の微分方程式」}$$

というように命名するわけです。

8.3 理系向きの実例 落下の微分方程式

飛行機から落ちても助かる？

ごちゃごちゃとした一般論が長引いてしまいましたので，実際に微分方程式を使って，自然現象を，ひとつ解明してみたいと思います。理科系の読者のみなさんにはお馴染みかもしれませんが，ものが上から下に落ちるという，何千年も昔から論じられてきた話題です。

もし，私たち人間が，数千メートルの高空で空中に放り出されたら，どうなるでしょうか。もちろん，空気の抵抗もむなしく，落下の速度はどんどん増えて，ついには地面に激突して即死，というのが常識でしょう。

ときには，それでも助かったという事例が報告されているようですが，それは，落ちた場所がたまたま雪の積もった竹林だったというような，幸運に恵まれた例外にすぎないみたいです。それにしても，助かった人のほとんどすべてが女性だそうですから感心してしまいます。女性は，すぐに気を失ってムダな抵抗をしないからだとか，体が柔軟だからとか，厚い脂肪層で内臓が守られているからなど，いろいろな事情があるらしいのですが，何はともあれ，女性の生命力には感心してしまいます。

ところで，空中に放り出された物体は，重力に引っ張られて下方へ落下すると同時に，空気の抵抗によって，それを阻止しようとする力も受けます。この両者のバランスで，落下の速度はどのように変わっていくのでしょうか。

よく知られているように，物体の質量を m，その加速度を α，物体に作用する力を F とすれば

$$m\alpha = F$$

という式が成り立ちます。これを運動方程式といいます。

加速度（124 ページ）というのは，単位時間あたりの速度の変化量です。したがって

$$\alpha = \frac{\mathrm{d}v}{\mathrm{d}t}$$

のように，微分を使って書き直すことができます。

私たちの場合には，質量 m の落下物体が受ける力は，重力による mg と，速度 v に比例する空気抵抗 kv（k は定数）

ですから，運動の方程式は，落下の方向（つまり下方）を正とした

$$m\frac{\mathrm{d}v}{\mathrm{d}t} = mg - kv \tag{8.14}$$

で表されることになります。これは，微分を含んだ方程式ですから，微分方程式です。前節でご紹介した呼び名によれば，1 階 1 次の微分方程式ですね。

微分方程式とのご対面

では，この微分方程式を解いていきましょう。まず，両辺を m で割ると

$$\frac{\mathrm{d}v}{\mathrm{d}t} = \frac{mg - kv}{m} \tag{8.15}$$

となります。この左辺の $\mathrm{d}v/\mathrm{d}t$ は，もちろん v を t で微分する記号ですが，118 ページに書いたように，$\mathrm{d}v$ と $\mathrm{d}t$ をそれぞれ別個に，まるでふつうの数のように扱うこともできるのでした。そうすると，式 (8.15) は

$$\frac{m}{mg - kv}\mathrm{d}v = \mathrm{d}t \tag{8.16}$$

と変形することができます。この式を見てください。左辺は v だけの関数ですし，右辺は t だけの関数ですから，それぞれ，v と t で積分すると

$$\int \frac{m}{mg - kv}\mathrm{d}v = \int \mathrm{d}t \tag{8.17}$$

イコールで結ばれた式 (8.16) 両辺に，同じ積分という操作をしても，イコールの関係は崩れませんから，こういう式 (8.17) の

ようなことができるのです。

となります。この積分を計算すれば

$$-\frac{m}{k}\log(mg-kv)=t+C \tag{8.18}$$

となります。右辺の C は，両辺に発生した積分定数を 1 つにまとめたものであることは，式 (8.4) などと同様です。

あとは，ふつうに式を整理していけば

$$mg-kv=e^{-\frac{k}{m}(t+C)} \tag{8.19}$$

$$\text{ゆえに}\quad v=\frac{1}{k}\left\{mg-e^{-\frac{k}{m}(t+C)}\right\} \tag{8.20}$$

となり，t の関数としての v が求まりました。こうして，私たちの微分方程式 (8.14) の一般解が求まったわけです。

つづいて，私たちにとってもっとも理解しやすい初期条件

$$t=0 \quad \text{で} \quad v=0 \tag{8.21}$$

を与えましょう。式 (8.20) にこの値を代入すれば

$$0=\frac{1}{k}\left\{mg-e^{-\frac{k}{m}C}\right\} \quad \text{なので} \quad e^{-\frac{k}{m}C}=mg$$

$$\text{ゆえに}\quad C=-\frac{m}{k}\log mg \tag{8.22}$$

となります。この C を式 (8.20) に代入すれば目的とする特殊解となるはずですが，式の形がごちゃごちゃしてめんどうなので，式の形が比較的すっきりしている式 (8.18) に式 (8.22) を代入して，整理し直すことにしましょう。

$$-\frac{m}{k}\log(mg-kv)=t-\frac{m}{k}\log mg$$

ゆえに　$-\frac{m}{k}\log(mg-kv)+\frac{m}{k}\log mg=t$

ゆえに　$\log\left\{(mg-kv)^{-\frac{m}{k}}(mg)^{\frac{m}{k}}\right\}=t$

ゆえに　$\log\left\{(mg-kv)^{-\frac{m}{k}}\left(\frac{1}{mg}\right)^{-\frac{m}{k}}\right\}=t$

ゆえに　$\log\left(1-\frac{kv}{mg}\right)^{-\frac{m}{k}}=t$

ゆえに　$\log\left(1-\frac{kv}{mg}\right)=-\frac{k}{m}t$

ゆえに　$1-\frac{kv}{mg}=e^{-\frac{k}{m}t}$

そして，「ゆえに」が6回もつづいたあげく，やっと

$$v=\frac{mg}{k}\left(1-e^{-\frac{k}{m}t}\right) \tag{8.23}$$

という特殊解が求まりました。空気の抵抗を受けながら落下する物体の速度は，式(8.23)に従い時間の経過tにつれて増大していくのです。

それにしても，ごみごみした運算がつづいて，式を追うのがしんどかったのではないかと申し訳なく思います。しかし，そのごみごみは，ほとんど対数や指数の計算のせいであり，決して微分方程式のせいではなかったことに，思いを致していただければ幸いです。

Column 16

ターミナル・ベロシティ

ところで，せっかく落下速度の式 (8.23) が求まったのですから，多少の紙面を頂戴(ちょうだい)して，その現実的な意味を考えてみようと思います。

式 (8.23) を，もういちど見ていただけませんか。t が大きくなるにつれて $e^{-\frac{k}{m}t}$ はゼロに近づいていくので，右辺の ( ) の中は 1 に近づき，右辺全体は mg/k に近づいていきます。これは，時間の経過につれて落下速度が mg/k に近づき，そして，決してそれを超さないことを意味します。そこで

$$v_t = \frac{mg}{k} \tag{8.24}$$

を**終末速度**(しゅうまつそくど)，**終速度**(しゅうそくど)，**終端速度**(しゅうたんそくど)，**臨界速度**(りんかいそくど)などと呼んでいます。たくさんの呼び名がありますが，もとの英語の terminal velocity を，めいめいで好き勝手に翻訳しているだけで，意味はどれも同じです。

さらに，この値を式 (8.23) に入れると

$$v = v_t\left(1 - e^{-\frac{g}{v_t}t}\right) \tag{8.25}$$

という，すっきりした，使いやすそうな式になります。

なお，終末速度を決めている式 (8.24) の右辺を見ていただけますか。mg は重力であり，物体の質量 m に比例して大きくなります。また，k は空気の抵抗の受けやすさを表す値で，空気にぶつかる物体の面積の大きさや，凹凸のはげしさなどの形状に左右される値です。

こういうわけですから，比重が重く，空気抵抗が小さい形状の物体，たとえば，砲丸投げの球などは終末速度が大きいし，パラ

シュートのように軽くて，思いきり空気抵抗を大きくしたものは，終末速度が小さくなるという理屈です。実際に空気中を落下する物体の終末速度は，おおよそ，つぎの表 8-2 の程度だろうといわれています。

表 8-2　物体の終末速度*

	終末速度
鉄球（半径 10 cm）	200 m/sec
ゴルフボール	100 m/sec
人体	60 m/sec
パラシュート付きの人体	4 m/sec

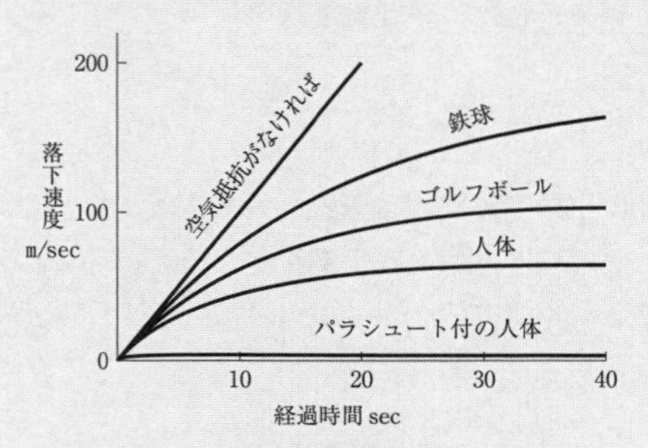

図 8-3　落下速度と経過時間

パラシュートを付けない人間が高空から落下したときの終末速度は 200 km/h を超えるというのですから，このまま地面に落ちたら，やはり助かるのはむずかしそうですね。

これらの値を根拠にして，落下する物体の速度が秒数の経過につれて増大し，終末速度に向かう様子を，図 8-3 に描いておきましたから，参考になさってください。

＊『微分方程式のはなし』（日科技連出版社）などの著者，鷹尾洋保氏の計算による。

変数分離形は愛される

この章の頭では，温度の変化について

$$\frac{\mathrm{d}T}{\mathrm{d}t} = -kT \qquad \text{(8.1) と同じ}$$

という微分方程式を立てました。そして，$\mathrm{d}T$ や $\mathrm{d}t$ といった記号を，ふつうの数のように掛けたり割ったりすることで

$$\frac{1}{T}\,\mathrm{d}T = -k\,\mathrm{d}t \qquad \text{(8.2) と同じ}$$

というふうに，T と t という 2 つの変数を左辺と右辺に分離しました。こうすれば，左辺と右辺を，それぞれ別個に積分することができたのでした。

また，この節でも

$$m\frac{\mathrm{d}v}{\mathrm{d}t} = mg - kv \qquad \text{(8.14) と同じ}$$

という微分方程式を解くにあたって，v という変数は左辺に，t という変数は右辺に分離し

$$\frac{m}{mg - kv}\,\mathrm{d}v = \mathrm{d}t \qquad \text{(8.16) と同じ}$$

としたうえで，両辺を各個に積分したのでした。

このように，2 つの変数を両辺に分離して各個に積分できるような微分方程式を，**変数分離形**（へんすうぶんりけい）の微分方程式といいます。気取って書けば

$$\frac{\mathrm{d}y}{\mathrm{d}x} = f(x)\cdot g(y) \qquad (8.26)$$

すなわち $$\boxed{\frac{1}{g(y)}\,\mathrm{d}y = f(x)\,\mathrm{d}x}$$

が，変数分離形の微分方程式です。この一般解は，

$$\int \frac{1}{g(y)}\,\mathrm{d}y = \int f(x)\,\mathrm{d}x + C$$

というふうに，積分を 1 回施すだけで即座に求められます。こむずかしい微分方程式の中では，もっとも愛されるタイプのひとつでしょう。

8.4 文系向きの実例 ランチェスターの法則に挑む

戦いに勝つ法則

前節が理科系向きの話題でしたので，文科系向きの話題も取り上げておきましょう。**ランチェスターの法則**と呼ばれる，2 つのチームが相争う場面を，数学的にじょうずに取り扱う議論をご紹介します。

いま，300 匹のクロアリの集団と 100 匹のアカアリの集団が決戦のときを迎えている，と思ってください。

間もなく，両軍いり乱れての乱戦が始まるのですが，1 匹あたりの戦いの能力は，クロアリに対してアカアリのほうが 3 倍だけ勝っているとしましょう。つまり，クロアリ 1 匹が 1 匹のアカアリを殺す間に，アカアリ 1 匹が 3 匹のクロアリを殺すと考えるのです。

では，両軍いり乱れての戦闘開始です。戦いの最中のある瞬間における

クロアリの残存数を　x

アカアリの残存数を　y

とし，戦いの最中のごく短い時間に

クロアリの数は　$\mathrm{d}x$　だけ減り

アカアリの数は　$\mathrm{d}y$　だけ減る

としましょう。

そうすると，単位時間内のアカアリの減少数 $\mathrm{d}y$ は，敵であるクロアリの残存数 x に比例すると考えるのが自然ですから

$$-\mathrm{d}y = kx \tag{8.27}$$

と書けるでしょう。

この式の k は，適当な比例定数です。また，マイナス符号が付いているのは，アカアリは「減少」するからです。

同じように，クロアリの減少率 $\mathrm{d}x$ も，アカアリの残存数 y に比例するのですが，アカアリの戦闘能力がクロアリの 3 倍だけあるので

$$-\mathrm{d}x = 3ky \tag{8.28}$$

とするのが妥当でしょう。これで，両軍の戦いの推移を調べるための準備完了です。

では，式 (8.27) の両辺を式 (8.28) の両辺で割ってください。

$$\frac{\mathrm{d}y}{\mathrm{d}x} = \frac{x}{3y} \tag{8.29}$$

となりますが，これは，もうお馴染みの変数分離形の微分方程式で，私たちにとっては，鴨(かも)が葱(ねぎ)をしょってきたようなものです。さっそく

$$\int x\,\mathrm{d}x = 3\int y\,\mathrm{d}y \tag{8.30}$$

として両辺を積分すると

$$x^2 = 3y^2 + C \tag{8.31}$$

という一般解が求まりました。

つづいて，戦闘開始のときは，x が 300 匹，y が 100 匹であったという，文字どおりの初期条件を式 (8.31) に入れてみましょう。式 (8.31) によれば

$$C = x^2 - 3y^2$$

ですから

$$C = 300^2 - 3 \times 100^2$$

であることがわかります。で，この値を式 (8.31) に入れて整理すると

$$300^2 - x^2 = 3(100^2 - y^2) \tag{8.32}$$

という関係式が得られます。これが，クロアリとアカアリの戦いを通じて変化する，クロアリの残存数 x とアカアリの残存数 y との関係を表しているわけです。

正体見たり，変数分離形

この式に具体的な値を入れてみると，びっくりします。y がゼロになったときに，x がまだ約 245 匹も残っているのです。最初 300 匹でしたから，約 55 匹しか死んでいません。アカアリは，数のうえではクロアリの 1/3 だった代わりに，クロアリの 3 倍の戦闘能力をもっていました。それなのに，戦いの結果は惨敗です。

では，アカアリになん倍の戦闘能力を与えれば，3 倍の匹数を誇るクロアリ軍団と対等に戦うことができたのでしょうか。いや，もっと一般的に，チーム戦の推移を表す数学モデルを作れないものでしょうか。

それは，わけもありません。当初のクロアリの数を x_0，アカアリの数を y_0，戦闘能力の比を E と書けば，式 (8.26) から式 (8.32) までの過程で

$$\begin{array}{ccc} 300 & が & x_0 \\ 100 & が & y_0 \\ 3 & が & E \end{array}$$

となるだけのことですから，チーム戦の推移を模擬（シミュレーション）する数学モデルは

$$x_0{}^2 - x^2 = E(y_0{}^2 - y^2) \tag{8.33}$$

と表現できることになります。

そして，この式 (8.33) が，**ランチェスターの 2 次法則***と呼ばれる式です。両軍いり乱れての戦闘や，競合する 2 つの企業のマーケティング戦略のような，2 つの勢力が争う場面を数学的にうまく解釈したものとして，社会科学のいろいろな分野で有名なものです。

この節で使った微分方程式は，ごく平凡な変数分離形の式 (8.30) であり，改めてご紹介するほどの新味のあるものではありませんでした。しかし，その式が作り出される過程，すなわち，x と y の微小変化を，それぞれ独立に式 (8.27) と式 (8.28) で表し，それを連立させて式 (8.30) を作り出すという過程は，ご参考になるのではないでしょうか。

Column 17

ナポレオンの方程式

微分方程式の応用例としては，ここまでで終わりなのですが，ちょっと付け加えさせていただきます。

ランチェスターの法則から得られるもっとも大きな教訓は，戦力集中の重要さです。式 (8.33) から読みとれるように，個々の能力 E より，人数 x_0 や y_0 のほうが 2 乗の効力があるからです。

したがって，古来，名将といわれる人たちの戦いでは，常に敵

---

* ランチェスターの 2 次法則が式 (8.33) で表されるのに対して

$$x_0 - x = E(y_0 - y)$$

のほうをランチェスターの 1 次法則といい，両軍から 1 人ずつがすすみ出て，一騎打ちをつづけていくような戦いを模擬しています。

を上回る兵力を一点に集中して勝ちすすんでいます。ナポレオンは，ある人から「あなたは『少数では多数に勝てない』というけれど，現実には，しばしば少数で多数の敵を負かしているではないか」といわれたとき，「それはちがう。少数で多数の敵と戦う場合には，全兵力をあげて，それより兵力の少ない敵の一部を破り，そのあとで，敵の他の部分を攻める。すなわち，それぞれの戦闘場面においては，必ずこちらが多人数になるようにするのだ」と答えているそうです。

ナポレオン

国家や企業ばかりでなく，個人の人生計画にも応用できそうな戦略ではありませんか。

8.5 同次形を変数分離で攻略する

新タイプの微分方程式

私たちは，この章で，放置された高温の物体の温度が自然に冷えていく様子，落下する物体の速度が増大していくありさま，消耗戦による両軍の減耗の状況などを，微分方程式を解くことによって明らかにしてきました。ずいぶんと，すごいことができるようになったものです。

ただ，残念なのは，いずれも変数分離形という初歩的な微分方程式を解いたにすぎなかったことです。そろそろ，別のタイプの微分方程式に挑戦していこうと思います。

こんどの微分方程式は，**同次形**（どうじけい）というタイプです。つぎの式を見ていただけますか。

$$\frac{\mathrm{d}y}{\mathrm{d}x} = \frac{y^2}{x^2} + 2\frac{y}{x} \tag{8.34}$$

この式のように

$$\frac{\mathrm{d}y}{\mathrm{d}x} = f\left(\frac{y}{x}\right) \tag{8.35}$$

であるような微分方程式を同次形といいます。この式のように露骨に $\mathrm{d}y/\mathrm{d}x$ が y/x の関数として表示されていなくても，たとえば

$$x^2\frac{\mathrm{d}y}{\mathrm{d}x} + y^2 - xy = 0 \tag{8.36}$$

なども，各項をいっせいに x^2 で割ってみれば，式 (8.35) の形になっていますから，同次形の仲間です。

ご参考までに付言すれば，同次形という用語は，方程式の各項の，変数に関する次数がすべて等しいところからきています。たとえば，式 (8.36) についてみれば

$$\underbrace{2\,次\frac{1\,次}{1\,次}}_{2\,次} + 2\,次 - \underbrace{1\,次 \times 1\,次}_{2\,次} = 0$$

$$2\,次 + 2\,次 - 2\,次 = 0$$

となっていて，0（次数という概念があてはまらない）以外のすべての項が 2 次に統一されていることがわかります。

さて，このような同次形の微分方程式を解くには，効果的

な定石があります。

$$y = ux \quad (\text{ただし，} u \text{ は } x \text{ の関数}) \tag{8.37}$$

とおけばいいのです。そうすると，うまいぐあいに変数分離形の微分方程式に変わってしまうので，あとは，こっちのものです。

新タイプかと思いきや……

それでは

$$\frac{\mathrm{d}y}{\mathrm{d}x} = \frac{y^2}{x^2} + 2\frac{y}{x} \qquad (8.34) \text{ と同じ}$$

を解いてみましょう。定石どおり

$$y = ux \qquad (8.37) \text{ と同じ}$$

とおきます。そうすると，u も x の関数であることに気をつければ，92 ページの手順によって

$$\frac{\mathrm{d}y}{\mathrm{d}x} = \frac{\mathrm{d}u}{\mathrm{d}x}x + u\frac{\mathrm{d}x}{\mathrm{d}x} = \frac{\mathrm{d}u}{\mathrm{d}x}x + u \tag{8.38}$$

ですから，式 (8.37) と式 (8.38) を式 (8.34) に代入すると

$$\frac{\mathrm{d}u}{\mathrm{d}x}x + u = \frac{u^2x^2}{x^2} + 2\frac{ux}{x} = u^2 + 2u$$

$$\text{ゆえに} \quad \frac{\mathrm{d}u}{\mathrm{d}x} = \frac{u^2 + u}{x}$$

$$\text{したがって} \quad \frac{\mathrm{d}u}{u^2 + u} = \frac{\mathrm{d}x}{x}$$

というぐあいに変数が分離されてしまいます。そこで，両辺を積分しましょう。

$$\int \frac{\mathrm{d}u}{u^2 + u} = \int \frac{\mathrm{d}x}{x} \tag{8.39}$$

積分を実行すると

$$\log \frac{u}{u+1} = \log x + C \tag{8.40}$$

となって，微分方程式は解けました。あとは，式 (8.37) によって

$$u = \frac{y}{x}$$

であったことを思い出し，これを式 (8.40) に入れて整理すれば，容易に

$$y = \frac{Cx^2}{1 - Cx} \tag{8.41}$$

という，きれいな答えに到達します。

このように，同次形の微分方程式は，容易に変数分離形に変形して解くことができるのですが，それにしても，なかなか変数分離形から脱却できませんね。

8.6 1階線形微分方程式との出会い

目指すは一般形

ここまでに解き方をご紹介してきた微分方程式は，基本的には

$$\text{変数分離形}\quad \frac{\mathrm{d}y}{\mathrm{d}x} = f(x) \cdot g(y) \qquad (8.26)\text{ と同じ}$$

$$\text{同次形}\quad \frac{\mathrm{d}y}{\mathrm{d}x} = f\left(\frac{y}{x}\right) \qquad (8.35)\text{ と同じ}$$

と，それらの応用にすぎなかったのですが，ここで，大きく脱皮して，1 階 1 次の微分方程式（**1 階線形微分方程式**とも呼ばれる）のもっとも一般的な形に挑戦していこうと思います。その形は

$$\frac{\mathrm{d}y}{\mathrm{d}x} + f(x)y = g(x) \tag{8.42}$$

です。

ちなみに，「線形*」というのは，英語の linear の翻訳で，「1 次」と同義語です。1 階線形微分方程式は英語で「ファースト・オーダー・リニア・ディファレンシャル・イクエーション」といいます。ほとんど直訳ですね。

実は，これよりさらに一段上の 2 階 1 次の微分方程式

$$\frac{\mathrm{d}^2y}{\mathrm{d}x^2} + f(x)\frac{\mathrm{d}y}{\mathrm{d}x} + g(x)y = h(x) \tag{8.43}$$

の解き方まで理解してしまえば，特殊な専門分野を志す方を除いては，実生活に使われる微分方程式に関する限り，なんの不便もないと考えていいくらいでしょう。

では，まず，式 (8.42) の簡単な場合として，右辺の $g(x)$

---

* 一般に，入力 x_1 に対する出力が y_1，入力 x_2 に対する出力が y_2 のとき，$x_1 + x_2$ の入力に対して $y_1 + y_2$ の出力があれば，その系は**線形**であるといいます。方程式の各項がストレートに + か − で結合されていれば，この関係が成立するので線形です。

がゼロの場合を解いてみます。

$$\frac{\mathrm{d}y}{\mathrm{d}x} + f(x)y = 0 \tag{8.44}$$

この式をごらんになって，「これは，変数分離形にすぎない」と見破った方は，冴えておられます。そのとおりです。式を変形すれば

$$\frac{\mathrm{d}y}{y} = -f(x)\,\mathrm{d}x \tag{8.45}$$

ですから，あとの始末は一本道です。さっそく両辺を積分すれば

$$\log y = -\int f(x)\,\mathrm{d}x + C \tag{8.46}$$

となりますが，右辺の積分定数 C は，定数でさえあればどう書いてもいいので，C の代わりに $\log C$ と書きましょう。そうすると式 (8.46) は

$$\log y = -\int f(x)\,\mathrm{d}x + \log C \tag{8.47}$$

ゆえに　$\log \dfrac{y}{C} = -\displaystyle\int f(x)\,\mathrm{d}x$

ゆえに　$\dfrac{y}{C} = e^{-\int f(x)\,\mathrm{d}x}$

ゆえに　$\boxed{y = Ce^{-\int f(x)\,\mathrm{d}x}}$　(8.48)

ということになります。これが，式 (8.44) で表される線形微分方程式の一般解です。

式 (8.48) は使える公式

ちょっと，横道にそれます。

$$\frac{\mathrm{d}y}{\mathrm{d}x} + f(x)y = 0 \qquad \text{(8.44) と同じ}$$

という微分方程式の一般解が，先ほどの

$$y = Ce^{-\int f(x)\,\mathrm{d}x} \qquad \text{(8.48) と同じ}$$

となることを，ひとつの公式とみなしていただくと，思いがけない利用価値が生まれます。たとえば，こんなのは，いかがでしょうか。

$$\sin x \frac{\mathrm{d}y}{\mathrm{d}x} + (\operatorname{cosec} x)y = 0 \tag{8.49}$$

を解いてみてください。このままでは，式 (8.44) とスタイルが異なりますが，両辺を $\sin x$ で割れば

$$\frac{\mathrm{d}y}{\mathrm{d}x} + (\operatorname{cosec}^2 x)y = 0$$

ですから，これは，式 (8.44) において

$$f(x) = \operatorname{cosec}^2 x$$

とした場合に相当します。それなら，この微分方程式の一般解は，式 (8.48) の $f(x)$ を $\operatorname{cosec}^2 x$ として

$$y = Ce^{-\int \operatorname{cosec}^2 x\,\mathrm{d}x} = C'e^{\cot x} \tag{8.50}$$

というぐあいに，簡単に求めることができるではありませんか。

なお，式 (8.50) の 2 項めの C が 3 項めで C' に変わったのは，2 項めの肩についている積分で生じる積分定数を含めたつもりですから，念のため……。

8.7
1階線形微分方程式 そのあざやかな解法

変数分離で解けない厄介者？

前の節では，1階線形微分方程式に出会いましたが，実際に解いてみたのは，式 (8.44) のように右辺が 0 で，変数分離形として扱える場合に過ぎませんでした。この節では，性根（しょうね）を据（す）えて，本格的な1階線形微分方程式

$$\frac{\mathrm{d}y}{\mathrm{d}x} + f(x)y = g(x) \qquad (8.42) \text{と同じ}$$

に進みます。

さて，前の節では $g(x)$ がゼロで存在しなかったわけですから，$f(x)y$ を右辺へ移項し，変数分離形として積分すると，右辺は式 (8.46) のように $-\int f(x)\,\mathrm{d}x + C$ となって，めでたしめでたし，でした。

それでは，式 (8.42) のように，ゼロでない $g(x)$ が右辺に存在していたら，どうなったでしょうか……。きっと，そこには新しい関数が発生するにちがいありません。しかし，残念ながら，その関数の具体的な形は，まったくわかりません。

そこで，その未知の関数を，かりに $p(x)$ と書いておきましょう。そうすると，式 (8.46) のところは

$$\log y = -\int f(x)\,\mathrm{d}x + p(x) \qquad (8.51)$$

（ただし，$p(x)$ は未知の関数で積分定数を含む）

となったはずです。それなら，$g(x)$ がゼロでない場合の式 (8.42) の一般解は，$g(x)$ がゼロのときの一般解である式 (8.48) に付いている C を $p(x)$ と書き直した形

$$y = p(x)e^{-\int f(x)\,\mathrm{d}x} \tag{8.52}$$

になっているはずと推理されます。

つぎに待ち構えている作業は，この $p(x)$ の形を求めることです。そのために，式 (8.52) で決められる y を，この節の主題である微分方程式 (8.42) に代入してみます。まず，式 (8.52) を x で微分すると，$f(x)$ を f，$g(x)$ を g，$p(x)$ を p と略記して

$$\frac{\mathrm{d}y}{\mathrm{d}x} = \frac{\mathrm{d}p}{\mathrm{d}x}e^{-\int f\,\mathrm{d}x} - pe^{-\int f\,\mathrm{d}x}\cdot f = \left(\frac{\mathrm{d}p}{\mathrm{d}x} - pf\right)e^{-\int f\,\mathrm{d}x} \tag{8.53}$$

となりますから，この式と式 (8.52) を式 (8.42) に代入してください。

$$\left(\frac{\mathrm{d}p}{\mathrm{d}x} - pf\right)e^{-\int f\,\mathrm{d}x} + fpe^{-\int f\,\mathrm{d}x} = g \tag{8.54}$$

$$\text{ゆえに}\qquad \frac{\mathrm{d}p}{\mathrm{d}x}e^{-\int f\,\mathrm{d}x} = g$$

$$\text{つまり}\qquad \frac{\mathrm{d}p}{\mathrm{d}x} = ge^{\int f\,\mathrm{d}x}$$

したがって

$$p = \int ge^{\int f\,\mathrm{d}x}\,\mathrm{d}x + C \tag{8.55}$$

こうして，p の形が明らかになりました。そこで，この p

を式 (8.52) に代入すると

$$y = e^{-\int f(x)\,\mathrm{d}x}\left\{\int g(x)e^{\int f(x)\,\mathrm{d}x}\,\mathrm{d}x + C\right\} \tag{8.56}$$

となり，これこそが，私たちの 1 階線形微分方程式 (8.42) の一般解なのであります。

たいへん，たいへん，ご苦労さまではありました。

式 (8.44) のように，右辺の $g(x)$ がゼロの微分方程式を**斉次形**（せいじけい）といいます。また，式 (8.42) のように，ゼロでない $g(x)$ が右辺に残った微分方程式を**非斉次形**（ひせいじけい）といい，斉次形よりも解くのが一段とむずかしくなるのです。一般解の公式，式 (8.48) と式 (8.56) とを見比べていただければ，その事情がうかがえましょう。

わが身を削るロケットの速度

たいへんな苦労のすえに，1 階線形微分方程式の一般解 (8.56) を求めたのですから，1 つくらいは，それを利用してみましょう。

タコは腹が減ると自分の足を食うとか，いくらタコでも，そんなことはしないとか，いろいろな説がありますが，人間だって必要に応じて自らの体の一部を消費しながら，生きるための作業をしています。その証拠に，42.195 km のマラソンを走ると，体重が数 kg も減るそうではありませんか。

自らの体を食いながら仕事をする最たるものは，なんといっても，ロケットでしょう。ロケットは，一般に，発射時の全重量に占める燃料の割合が非常に大きく，宇宙ロケットの中には，その割合が 90% を超えるものがあると聞きます。

自分の体の 90%を消費して，わずか 10%の必要部分を目的地に届けたりするのです。

私たちは，物体の運動を調べるとき，物体の重さ（質量）m が一定であるとして方程式を作るのがふつうですが，ロケットのように m が時間につれて変化するようですと，当然，それを考慮に入れて方程式を立てなければなりません。

m が時間の経過に比例して減少していく場合，ロケットの推力を F とし，ロケットの速度を v とすれば，運動方程式は

$$(m-ht)\frac{\mathrm{d}v}{\mathrm{d}t}=F-kv \tag{8.57}$$

となるでしょう。なお，kv は空気抵抗です。

ごめんどうでも 294 ページの落下速度の式 (8.14) と見比べていただければ，自身の重さが変化するぶんだけ，方程式がややこしくなっていることが，わかります。

解の公式を使ってみよう

さて，式 (8.57) を変形してみると

$$\frac{\mathrm{d}v}{\mathrm{d}t}+\frac{k}{m-ht}v=\frac{F}{m-ht} \tag{8.58}$$

という形になります。

309 ページの式 (8.42) と対比してみてください。x と y がこんどは t と v に変わっていますが，形としては同じですから，式 (8.58) は明らかに 1 階線形微分方程式です。

そうとわかれば，式 (8.58) の一般解は，式 (8.56) を，あたかも公式のようにみなして

$$
\begin{array}{cccc}
x & \text{を} & t & \text{に,} \\
y & \text{を} & v & \text{に,} \\
f(x) & \text{を} & \dfrac{k}{m-ht} & \text{に,} \\
g(x) & \text{を} & \dfrac{F}{m-ht} & \text{に,}
\end{array}
$$

というふうに，それぞれ書き換えればいいのですから

$$
v = e^{-\int \frac{k}{m-ht}\,\mathrm{d}t}\left\{\int \frac{F}{m-ht}e^{\int \frac{k}{m-ht}\,\mathrm{d}t}\,\mathrm{d}t + C\right\} \tag{8.59}
$$

となるはずです。このあと

$$
e^{-\int \frac{k}{m-ht}\,\mathrm{d}t} = e^{\frac{k}{h}\log(m-ht)}
$$

という計算をするなどして，しこしこと整理していくと

$$
v = \frac{F}{k} + C(m-ht)^{\frac{k}{h}} \tag{8.60}
$$

という姿に変わります。ここで

$$
t = 0 \quad \text{で} \quad v = 0
$$

という初期条件を与えると

$$
C = -\frac{F}{k}m^{-\frac{k}{h}} \tag{8.61}
$$

となりますから，これを式 (8.60) に入れて計算をつづけましょう。

$$
\begin{aligned}
v &= \frac{F}{k} - \frac{F}{k}m^{-\frac{k}{h}}(m-ht)^{\frac{k}{h}} \\
&= \frac{F}{k}\left\{1 - m^{-\frac{k}{h}}(m-ht)^{\frac{k}{h}}\right\}
\end{aligned} \tag{8.62}
$$

という特殊解が見つかり，めでたし，めでたし，です。

ところで，この式は，ロケットが発射されてからしばらくの間（残燃料があり，かつ空気抵抗が速度に比例するくらいの間）の速度を表しているのですが，それは，どのような速度でしょうか。一例として，m も h も k も 1 であるとしてみてください。式 (8.62) は

$$v = Ft$$

となり，時間に比例して，速度がどんどん大きくなっていくことを表しています。

これに対して，m を定数として方程式を立てていれば，ロケットは一定の力 F で加速されると同時に，v に比例する力が運動を制止する方向に作用しますから，8.3 節の自由落下の場合と同様に，間もなく終末速度に達してしまうにちがいありません。

8.8 フィナーレは 2 階線形微分方程式

1 階から 2 階への飛躍

いよいよ微分方程式の最後の追い込みです。1 階線形微分方程式につづいて，**2 階線形微分方程式**へ進みます。

2 階線形微分方程式の，もっとも完璧な姿は

$$\frac{\mathrm{d}^2y}{\mathrm{d}x^2} + f(x)\frac{\mathrm{d}y}{\mathrm{d}x} + g(x)y = h(x) \qquad (8.43) \text{ と同じ}$$

なのですが，関数 $f(x)$ だの $g(x)$ だのの中身が具体的に与えられていないので，ちょっと手強（てごわ）すぎます。

2 階線形微分方程式の一般形 (8.43) は，数学的に奥深い題材なのですが，これほど厄介な形は，実務にも，そんなに頻繁には現れません。たいていは，$f(x)$ を定数とするとか，ゼロとするとか，状況に応じてじょうずに単純化した式で間に合わせています。

そこで，もう少し，やさしい例題を使うことにしましょう。図 8-4 を見てください。

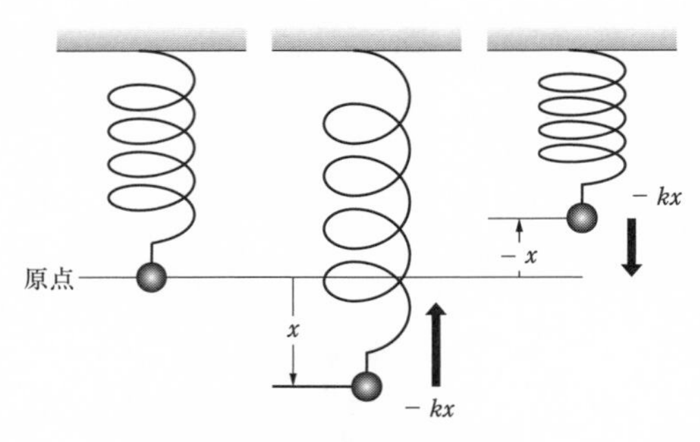

図 8-4　振動の原理

いちばん左は，上端を固定されたばねの下端に質量 m の球がぶら下がり，ばねが縮もうとする力と，球の重さが釣り合って，安定した状態にある様子を描いたものです。このときの球の位置を原点にして，球の運動を調べてみることにします。

まず，球を下方へ x だけ引き下げます。そうすると，ばねは，伸びた長さ x に比例する力でもとの位置の方向へ引き戻そうとします。したがって球に作用する力は，比例定数を k とすれば（$-kx$）です。中央の絵のようにです。

この力が引き戻された球は，慣性があるので，もとの位置を通り過ぎてしまいます。こんどは，ばねが縮んで，球をもとの位置へ押し戻そうとします。$-x$ の位置に球があるなら，これを押し戻す力は x の正の方向に向かって（$-kx$）です。このように，球がどこにあっても，球に作用する力は（$-kx$）なのです。

そうすると，球の運動を表す方程式は

$$m\frac{\mathrm{d}^2x}{\mathrm{d}t^2} = -kx \tag{8.63}$$

すなわち

$$\frac{\mathrm{d}^2x}{\mathrm{d}t^2} + \frac{k}{m}x = 0 \tag{8.64}$$

です。この式を，2 階線形微分方程式の一般的な形である式 (8.43) と比べてみていただけませんか。$f(x)$ と $h(x)$ のところが消滅してずいぶん簡略にはなっていますが，式 (8.64) が 2 階線形微分方程式であることはまちがいありません。

実は，発生している誤差を，その大きさに比例する力で修正しようとする動作は，人間社会でも自然界でも，ふつうに見られる重要な機能なのです。そういう訳もあって，2 階線形微分方程式の代表として，式 (8.64) を解いておこうと思います。

ゲリラっぽいアプローチ

ただ，「解いておこうと思います」といった手前，申し訳ありませんが，こんなに単純な微分方程式 (8.64) なのに，ここまでの知識では解けないのです。

というのは，2 階の微分があるために変数分離ができないし，いきなり両辺を t で積分しようとしても，t の関数としての x の形がわからないのです——なにしろ，それを求めようとしているのですから。どこから手をつけていいのやら，思案投げ首です。

そこで，いくらかゲリラっぽいアプローチをしましょう。

ばねにぶら下がった球は，下へ引っ張ってから手を離すと，もとへ戻るけれども行きすぎ，またもとへ戻っては行きすぎて……と上下運動をくり返すことでしょう。

空気の抵抗などがあれば運動の振幅はだんだん小さくなって，間もなく，ほぼ静止すると思われますが，私たちの式 (8.64) ではそのような配慮はしてありません。

きっと，式 (8.64) の x の解は，プラスとマイナスを単調にくり返す関数になるにちがいありません。そのような関数の代表的なのは，三角関数です。

それなら

$$x = a\sin(\omega t + \phi) \tag{8.65}$$

と仮定してみることにしましょう。右辺の a は振幅に，ω はくり返し運動の速さに，ϕ はスタート時点の位置に対応するための定数です。

それでは，さっそく，式 (8.65) を仮定すると私たちの運動方程式 (8.63) が矛盾なく解けるかどうかを確かめてみましょう。

まず，式 (8.65) を t で 2 回微分します。

$$\frac{\mathrm{d}x}{\mathrm{d}t} = a\omega\cos(\omega t + \phi)$$

$$\frac{\mathrm{d}^2 x}{\mathrm{d}t^2} = -a\omega^2\sin(\omega t + \phi) \tag{8.66}$$

そして，私たちの運動方程式 (8.63) に式 (8.65) と式 (8.66) とを代入してみましょう。そうすると

$$-ma\omega^2\sin(\omega t + \phi) = -ka\sin(\omega t + \phi)$$

となりますが，この式は

$$m\omega^2 = k \qquad \text{すなわち} \qquad \omega = \sqrt{\frac{k}{m}} \tag{8.67}$$

であれば，左辺と右辺が完全に等しいので，t，a，ϕ などはどのような値であっても成立することは明らかです。

それなら，私たちの仮定の式 (8.65) の ω に式 (8.67) を代入して

$$x = a\sin\left(\sqrt{\frac{k}{m}}t + \phi\right) \tag{8.68}$$

とすれば，この式は，球の運動方程式 (8.63) をいつまでも満足するはずです。したがって，式 (8.68) は，私たちの運動方程式 (8.63) の一般解なのです。式 (8.68) で表されるような単純なくり返し運動は，**単振動**（たんしんどう）と呼ばれています。

このaとϕは，実は，積分定数に相当します。はじめの微分方程式 (8.64) は，1 階微分ではなく 2 階微分を含んでいたので，積分定数もそれに応じて 2 個必要なのです。

出てきたものは単振動

式 (8.68) は，一般解でした。ついでですから，特殊解も見つけておきましょうか。

まず，a の値は，球の上下運動の振幅です。日常の会話で「あいつの意見は振幅が大きい」などと使うときには，右の端から左の端までの振れ幅を意味するのがふつうですが，数学や物理学では，その半分，つまり，振動の中心から片側へ振れる大きさを振幅と決めています。

したがって，私たちの例では，球を原点から A だけ引っ張ってから手を離してやれば，一般的に表現された a は A になるはずです。

さらに，ごくすなおに

$$t = 0 \quad のとき \quad x = 0$$

としてみましょう。そうすると式 (8.68) は

$$x = A \sin \sqrt{\frac{k}{m}} t \tag{8.69}$$

となります。これが，初期条件を入れた特殊解です。終わりました。

あとは，数学からは脱線して，ちょっとした物理学です。式 (8.69) からわかるように，$\sqrt{k/m}\,t$ が 2π だけ変化するごとに x が 1 往復しますから，t が $2\pi\sqrt{m/k}$ だけ変化するごとに球が 1 往復することになります。したがって，球の振動の周期を T とすれば

$$T = 2\pi \sqrt{\frac{m}{k}} \tag{8.70}$$

なのです。

この式を見ると，球が重い（m が大）ほど，また，ばねが弱い（k が小）ほど，球はゆっくりと（T が大）振動するし，反対に，球が軽く，ばねが強いほど，小刻みな振動になることがわかります。

そして，さらに，m や k が一定なら，式 (8.70) からわかるように，T は A（振幅）に関係なく一定です。これが，ガリレオ・ガリレイの名とともに名高い等時性です。

ガリレオが 1583 年に等時性を発見したきっかけは，このようなばね付きの球ではなく，教会のシャンデリアの振動だったといわれています。いずれにしても，微分方程式としての数学的な取り扱いは，同じようなものです。

やっぱり微分方程式はムズカシイ？

さて，この章の標題は「微分方程式へのお誘い」ではありました。しかし，40 ページ以上も費やしたあげくに成功したのは，ごく簡単な微分方程式を解くことにすぎませんでした。微分方程式を解くのは，もともと容易なことではないのです。

とはいうものの，こんな調子で進んでいたのでは，ちょっと状況が複雑になっただけで，とたんに手も足も出なくなります。ばねにぶら下げた球の振動ひとつをとっても，抵抗もなんにも働かないような単純な状況ばかりを考えていては，世の中は渡れません。

たとえば，ばねにぶら下げた球に抵抗力が働くとか，球に指数的に時間変化する外力が働くというような状況も，十分

考えられますが，そのときの運動方程式は

$$\underbrace{m\frac{\mathrm{d}^2x}{\mathrm{d}t^2}}_{\text{球を動かすのに必要な力}} = \underbrace{-kx}_{\text{球の位置に比例して球を引き戻そうとするばねの力}} \underbrace{-h\frac{\mathrm{d}x}{\mathrm{d}t}}_{\text{速度に比例して，球を止めようとする抵抗力}} \underbrace{+fe^{\omega t}}_{\text{球に外から働く力}}$$

(m, k, h, f, ω は定数)

という途方もない形になります。さあ，この微分方程式を解くぞ……と意を決したとしても，ちょっと問題が複雑すぎて，はたと手が止まってしまいます。

そんなときの秘策として，実務で微分方程式を解く際，**ラプラス変換**と呼ばれるテクニックが大活躍しています。ラプラス変換とは，フランスの数学者ラプラス（1749–1827）が発明した計算法で，Laplace の頭文字をとった $\mathscr{L}$ という記号で怖がられています。

$\mathscr{L}$ という記号は，アルファベットの L の飾り文字です。どことなく，フランス風で，おしゃれに見えないこともありません。

その考え方を要約すれば，**微分方程式を代数方程式に変換する**ということに尽きます。代数方程式とは，中学校でやるような，ふつうの文字式の計算問題のことです。

むずかしい微分方程式も，ひとたびラプラス変換という門をくぐると，そこでは平凡な代数方程式に変身してしまいます。そして，その代数方程式を解いたうえで，ラプラス逆変換をしてもとへ戻ってみると，あら不思議……。微分方程式が解けて，初期条件を入れた特殊解になっているという，手品のような筋書きなのです。

こんな痛快なテクニックも珍しいので，ぜひ，ご紹介したかったのですが，残念なことに，紙面がどうやらこのへんで尽きてしまうようです。ラプラス変換については，私の借りということにしていただいて，いつか，この借りをお返しできる日が来ればと思います。

さて，振り返ってみれば，微分と積分のイロハのイから出発して，微分方程式の入り口と，ずいぶんな高みに達することができたようです。みなさん，たいへん，お疲れさまでした。ここまで，辛抱強くお付き合いいただいたことに，深く感謝を申し上げたいと存じます。

付　録

1 三角関数の公式

（1）　2 倍角の公式

$$\sin 2\alpha = 2\sin\alpha\cos\alpha$$

$$\cos 2\alpha = \cos^2\alpha - \sin^2\alpha$$

$$\tan 2\alpha = \frac{2\tan\alpha}{1-\tan^2\alpha}$$

（2）　半角の公式

$$\sin^2\frac{\alpha}{2} = \frac{1-\cos\alpha}{2}$$

$$\cos^2\frac{\alpha}{2} = \frac{1+\cos\alpha}{2}$$

$$\tan^2\frac{\alpha}{2} = \frac{1-\cos\alpha}{1+\cos\alpha}$$

（3）　加法定理

$$\sin(\alpha\pm\beta) = \sin\alpha\cos\beta \pm \cos\alpha\sin\beta$$

$$\cos(\alpha\pm\beta) = \cos\alpha\cos\beta \mp \sin\alpha\sin\beta$$

$$\tan(\alpha\pm\beta) = \frac{\tan\alpha\pm\tan\beta}{1\mp\tan\alpha\tan\beta}$$

（4）　積和定理

$$\sin\alpha\cos\beta = \frac{1}{2}\{\sin(\alpha+\beta)+\sin(\alpha-\beta)\}$$

$$\cos\alpha\sin\beta = \frac{1}{2}\{\sin(\alpha+\beta)-\sin(\alpha-\beta)\}$$

$$\cos\alpha\cos\beta = \frac{1}{2}\{\cos(\alpha+\beta)+\cos(\alpha-\beta)\}$$

$$\sin\alpha\sin\beta = -\frac{1}{2}\{\cos(\alpha+\beta)-\cos(\alpha-\beta)\}$$

（5）　和積定理

$$\sin\alpha+\sin\beta = 2\sin\frac{\alpha+\beta}{2}\cos\frac{\alpha-\beta}{2}$$

$$\sin\alpha-\sin\beta = 2\cos\frac{\alpha+\beta}{2}\sin\frac{\alpha-\beta}{2}$$

$$\cos\alpha+\cos\beta = 2\cos\frac{\alpha+\beta}{2}\cos\frac{\alpha-\beta}{2}$$

$$\cos\alpha-\cos\beta = -2\sin\frac{\alpha+\beta}{2}\sin\frac{\alpha-\beta}{2}$$

（6）　2 乗定理

$$\sin^2\alpha+\cos^2\alpha = 1$$

$$\sec^2\alpha = 1+\tan^2\alpha$$

$$\mathrm{cosec}^2\,\alpha = 1+\cot^2\alpha$$

2 微分法の公式

$$(u\pm v)' = u'\pm v' \quad \text{（和と差の微分公式）}$$

$$(uv)' = u'v+uv' \quad \text{（積の微分公式）}$$

$$\left(\frac{u}{v}\right)' = \frac{u'v-uv'}{v^2} \quad \text{（商の微分公式）}$$

$$\left(\frac{1}{v}\right)' = -\frac{v'}{v^2}$$

$$\frac{\mathrm{d}y}{\mathrm{d}x} = \frac{\mathrm{d}y}{\mathrm{d}t}\cdot\frac{\mathrm{d}t}{\mathrm{d}x} \quad \text{（合成関数の微分公式）}$$

$$\frac{\mathrm{d}}{\mathrm{d}x}\log f(x) = \frac{f'(x)}{f(x)} \quad \text{（対数微分法）}$$

$$\frac{\mathrm{d}y}{\mathrm{d}x} = \frac{\dfrac{\mathrm{d}y}{\mathrm{d}t}}{\dfrac{\mathrm{d}x}{\mathrm{d}t}} \quad \text{（媒介変数を用いた微分）}$$

$$\frac{\mathrm{d}y}{\mathrm{d}x} = \frac{1}{\dfrac{\mathrm{d}x}{\mathrm{d}y}}$$

3 微分の公式

もとの関数	$\xrightarrow{\text{微分}}$	導関数
k（定数）		0
x^n		nx^{n-1}
e^x		e^x
a^x		$(\log a)a^x$
$\log x$（自然対数）		$\dfrac{1}{x}$
$\log_a x$		$(\log_a e)\dfrac{1}{x}$
$\sin x$		$\cos x$
$\cos x$		$-\sin x$
$\tan x$		$\sec^2 x$
$\operatorname{cosec} x$		$-\operatorname{cosec} x \cot x$
$\sec x$		$\sec x \tan x$
$\cot x$		$-\operatorname{cosec}^2 x$
$\arcsin x$		$\dfrac{1}{\sqrt{1-x^2}}$
$\arccos x$		$-\dfrac{1}{\sqrt{1-x^2}}$
$\arctan x$		$\dfrac{1}{1+x^2}$
$\operatorname{arccosec} x$		$-\dfrac{1}{x\sqrt{x^2-1}}$

$\operatorname{arcsec} x$	$\dfrac{1}{x\sqrt{x^2-1}}$
$\operatorname{arccot} x$	$-\dfrac{1}{1+x^2}$

4 積分の公式

もとの関数 $\xrightarrow{\text{積分}}$	原始関数
x^n	$\dfrac{1}{n+1}x^{n+1} \quad (n \neq -1)$
$\dfrac{1}{x}$	$\log\|x\|$
e^x	e^x
a^x	$\dfrac{a^x}{\log a}$
$\sin x$	$-\cos x$
$\cos x$	$\sin x$
$\operatorname{cosec}^2 x$	$-\cot x$
$\sec^2 x$	$\tan x$
$\dfrac{1}{\sqrt{a^2-x^2}}$	$\arcsin \dfrac{x}{a}$
$\dfrac{1}{x^2+a^2}$	$\dfrac{1}{a}\arctan \dfrac{x}{a}$
$\dfrac{1}{x^2-a^2}$	$\dfrac{1}{2a}\log\left\|\dfrac{x-a}{x+a}\right\|$

5 1階微分方程式

y は変数 x についての未知関数，C は積分定数とする。

(1)　変数分離形

微分方程式が $\dfrac{\mathrm{d}y}{\mathrm{d}x} = f(x)\cdot g(y)$ という形なら

$\dfrac{1}{g(y)}\,\mathrm{d}y = f(x)\,\mathrm{d}x$ と変形できて

一般解は $\displaystyle\int \frac{1}{g(y)}\,\mathrm{d}y = \int f(x)\,\mathrm{d}x + C$

（2） 同次形

微分方程式が $\dfrac{\mathrm{d}y}{\mathrm{d}x} = f\left(\dfrac{y}{x}\right)$ という形なら

$y = ux$ とおけば，変数分離形に帰着。

（3） 線形・斉次形

微分方程式が $\dfrac{\mathrm{d}y}{\mathrm{d}x} + f(x)y = 0$ という形なら

変数分離形 $\dfrac{1}{y}\,\mathrm{d}y = -f(x)\,\mathrm{d}x$ に変形できて

一般解は $y = Ce^{-\int f(x)\,\mathrm{d}x}$

（4） 線形・非斉次形

微分方程式が $\dfrac{\mathrm{d}y}{\mathrm{d}x} + f(x)y = g(x)$ という形なら

一般解は $y = e^{-\int f(x)\,\mathrm{d}x}\left\{\displaystyle\int g(x)e^{\int f(x)\,\mathrm{d}x}\,\mathrm{d}x + C\right\}$

索 引

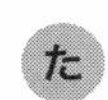

ら

わ

C.413.3　334p　18cm

ーバックス　B-2141

日から使える微積分　普及版

から大学数学の入り口まで

0年 8月20日　第1刷発行

著者　大村　平

発行者　渡瀬昌彦

発行所　株式会社講談社

〒112-8001 東京都文京区音羽2-12-21

電話　出版　03-5395-3524

販売　03-5395-4415

業務　03-5395-3615

印刷所　（本文印刷）豊国印刷株式会社

（カバー表紙印刷）信毎書籍印刷株式会社

製本所　株式会社国宝社

定価はカバーに表示してあります。

ISBN978-4-06-520067-4

発刊のことば

科学をあなたのポケットに

二十世紀最大の特色は、それが科学時代であるということです。科学は日に日に進歩を続け、止まるところを知りません。ひと昔前の夢物語もどんどん現実化しており、今やわれわれの生活のすべてが、科学によってゆり動かされているといっても過言ではないでしょう。

そのような背景を考えれば、学者や学生はもちろん、産業人も、セールスマンも、ジャーナリストも、家庭の主婦も、みんなが科学を知らなければ、時代の流れに逆らうことになるでしょう。

ブルーバックス発刊の意義と必然性はそこにあります。このシリーズは、読む人に科学的に物を考える習慣と、科学的に物を見る目を養っていただくことを最大の目標にしています。そのためには、単に原理や法則の解説に終始するのではなくて、政治や経済など、社会科学や人文科学にも関連させて、広い視野から問題を追究していきます。科学はむずかしいという先入観を改める表現と構成、それも類書にないブルーバックスの特色であると信じます。

一九六三年九月

野間省一